北京理工大学"双一流"建设精品出版工程

Fundamentals of Measurement Technologies of Non-electric Quantities

非电量测量技术

苏铁健 ◎ 编著

北京理工大学出版社
BEIJING INSTITUTE OF TECHNOLOGY PRESS

内 容 简 介

现代科学技术的进步使得人们对测量精度和测量速度提出了更高的要求，这就促使人们去研究如何运用物理原理以电测方法来测量各种非电学量（简称非电量）。电测方法具有控制方便、灵敏度高、反应速度快、能进行动态测量和自动记录等优点，因而形成了一类称为"非电量测量"的测量技术。本书以材料中的各种"电"现象（电极化、电流、电阻、电容、电感等）为基本线索，分别介绍电阻式传感器、电容式传感器、电感式传感器、磁电式传感器、热电式传感器、压电式传感器、光电式传感器，包括各种传感器的基本工作原理、基本类型、基本结构、测量电路以及基本用途等。本书可作为高等职业院校及普通高等院校仪器仪表、电子信息、自动化、材料、化工、机械等专业相关课程的参考教材，也可作为从事检测技术工作的工程技术人员的参考用书。

图书在版编目（C I P）数据

非电量测量技术／苏铁健编著. -- 北京：北京理工大学出版社，2022.3

　ISBN 978 - 7 - 5763 - 1124 - 2

　Ⅰ. ①非… Ⅱ. ①苏… Ⅲ. ①非电量测量 - 基本知识

Ⅳ. ①TM938.8

　中国版本图书馆 CIP 数据核字（2022）第 040675 号

出版发行／北京理工大学出版社有限责任公司
社　　址／北京市海淀区中关村南大街 5 号
邮　　编／100081
电　　话／（010）68914775（总编室）
　　　　　（010）82562903（教材售后服务热线）
　　　　　（010）68944723（其他图书服务热线）
网　　址／http://www.bitpress.com.cn
经　　销／全国各地新华书店
印　　刷／三河市华骏印务包装有限公司
开　　本／787 毫米 × 1092 毫米　1/16
印　　张／7.25　　　　　　　　　　　　　责任编辑／张鑫星
字　　数／123 千字　　　　　　　　　　　文案编辑／张鑫星
版　　次／2022 年 3 月第 1 版　2022 年 3 月第 1 次印刷　　责任校对／周瑞红
定　　价／48.00 元　　　　　　　　　　　责任印制／李志强

前 言

　　计算机与互联网技术的发展，迅速而深刻地改变着我们的世界，让我们从工业化社会进入信息化社会。在这个过程中，中国是被互联网和信息化改变最为彻底的国家。在这样的时代，如果没有跟上信息化发展步伐，将时刻面临被社会边缘化的危机。信息化逐步将整个人类社会形成一个有机整体。而传感器、计算机、通信称为信息社会的三大技术支柱。以传感器为核心的非电量测量技术，以前作为普通高等院校仪器仪表、电子信息、自动化等专业的必修课程，现在也越来越多地被其他各个理工科专业作为选修或必修课程，未来也必将成为各个新工科专业的重要课程。

　　北京理工大学材料学院基于时代要求，同时根据专业需要，多年以前就开设了"非电量测量技术"课程。该课程主要介绍测量系统的基本特性，包括电阻式传感器、电容式传感器、电感式传感器、磁电式传感器、热电式传感器、压电式传感器、光电式传感器在内的各种传感器基本工作原理、基本类型、基本结构、测量电路以及基本用途等。根据材料专业的培养要求和专业特点，侧重介绍涉及各种敏感元件材料的各种物理效应及其在传感器中的作用。相对于其他同类教材，本书特别强调章节之间的逻辑联系以及知识体系的完整性。为此，特别编写了第2章"材料中的电现象"，介绍电极化、电阻、电容、电感四大电现象产生的微观机制及影响因素，由此绘出整部教材的逻辑框架或知识结构地图，将本书中所有章节有机地结合在一起。

　　在教材中，图的解释力往往强于文字和数学公式，因此本书尽可能采用和制作较多的图，特别是用图来说明比较复杂难懂的微观机制和抽象的工作原理。

理想的课程，应该是"逻辑的联系、艺术的讲解以及哲学的升华"的完美结合。本书将提供作者精心制作的 PPT 文件。读者将从 PPT 文件中，看到作者为此所作的努力。

由于作者认知所限，难免出现不妥或错误，希望读者不吝指正。

编著者

目　录
CONTENTS

第1章

概　　述

现代科学技术的进步使得人们对测量精度和测量速度提出了更高的要求，这就促使人们去研究如何运用物理原理以电测方法来测量各种非电学量（简称非电量）。电测方法具有控制方便、灵敏度高、反应速度快、能进行动态测量和自动记录等优点，因而形成了一类称为"非电量测量"的测量技术。

非电量测量系统一般包括传感器、测量电路、记录显示部件等部分。进行非电量测量时，首先要获得某种非电量信息并将该非电量信息转变成电信号，然后才能完成电测量。传感器的作用就是将非电量信号转换为电信号，因此它在非电量电测技术中占有十分重要的位置。可以说，非电量变换成电量的技术是非电量电测技术的前提。传感器的输出信号经测量电路进行加工处理（如衰减、放大、调制和解调、滤波运算及数字化等）变成可用的电信号，以便记录和显示测量结果。记录显示通常有模拟显示、数字显示和图像显示等。

以传感器为核心的非电量测量技术随着工业的自动化而快速发展，随着社会的信息化而迅速普及，更是即将到来的万物互联时代的技术基础。

1.1　从物联网说起

对于互联网，我们已经非常熟悉，每个人、每个单位、每个社会单元都时刻通过它利用计算机、手机等各种通信工具进行信息交换。整个现代社会已经通过互联网形成一个庞大的信息网络。

如果说互联网是联系每个人的信息网络，而即将到来的物联网不仅如此，还将每个物体联系在一起，是"万物相连的互联网"，是互联网基础上的延伸和扩展的网络。物联网将各种信息传感设备与互联网结合起来而形成的一个巨大网络，实现在任何时间、任何地点，人、机、物之间信息的互联互通，如图 1-1 所示。

图 1-1　物联网（来源：传感物联网）

物联网又称传感网，因为物体之间交换的信息是通过传感器感知的。传感器所感知的信息能够被存储、处理和通过物联网进行交换，必须转换为电信号。作为物联网系统数据的重要入口，传感器的作用实在太重要了。传感器之于物联网，就好比眼、耳、口、鼻、舌、皮肤之于人体。人类要依靠以上身体感官去感知环境，做出适当的反应。同理，物联网中的每个物体也要通过传感器去感知周边物体和物理环境，从而为物联网应用层的数据分析提供依据。也就是说，首先要让传感器赋予万物"感官"功能，才能进行"万物互联"。

从传感器发展历史来看，1883 年 WarrenS. Johnson 发明了全球首台恒温器并正式上市，如图 1-2 所示。这款恒温器能够将温度保持在一定程度的精确度，可以看作是传感器的鼻祖。到了 20 世纪 40 年代末，第一款红外传感器问世。随后，许许多多的传感器不断被催生出来，现在全球大约有 35 000 种以上的传感器，数量和用途非常繁杂，可以说，现在是传感器最为火热的时期。

传感器是现代工业生产尤其是自动化生产过程的基础，各种传感器被用来监视和控制生产过程中的各个参数，使设备工作在正常状态或最佳状态，并使产品达到最好的质量。

图 1-2　全球首台恒温器

传感器更是基础学科研究的基础，大到亿万光年茫茫宇宙的探索，小到纳米尺度原子的观察，长至数十万年的天体演化，短到皮秒的瞬间反应，都要用到传感器；为开发新能源、新材料等进行的各种极端技术研究，如超高温、超低温、超高压、超高真空、超强磁场、超弱磁场，也需要尖端的传感器。许多基础科学研究的障碍，首先就在于对象信息的获取存在困难，而一些新机理和高灵敏度的检测传感器的出现，往往会促进该领域内的突破。一些传感器的发展，往往是一些边缘学科开发的先驱。

传感器早已渗透到工业生产、智能家居、宇宙开发、海洋探测、环境保护、资源调查、医学诊断、生物工程、甚至文物保护等极其广泛的领域。可以毫不夸张地说，从茫茫的太空到浩瀚的海洋，以至各种复杂的工程系统，几乎每一个现代化项目，都离不开各种各样的传感器。

实际上，我们已经开始不知不觉地踏入物联网时代。我们的手机，集成了包括摄像头、麦克风等在内的光传感器、距离传感器、重力传感器、加速度传感器、磁场传感器、温度传感器、压力传感器、气压传感器、心率传感器等各种传感器（图 1 - 3），使得手机成为具有感知功能的智能终端；我们的汽车，从普通汽车到豪华轿车，安装有近百只到 200 多只传感器，让我们操控安全和便利，乘坐舒适并能实现无人驾驶；我们的电表、水表、燃气表等，因为安装了传感器并连入互联网，使得我们可以随时随地缴费；我们的各种家用电器和其他家居用品，因为安装了传感器并连入互联网，使得我们随时随地可以进行监控和控制其使用，让我们的家居智能化。

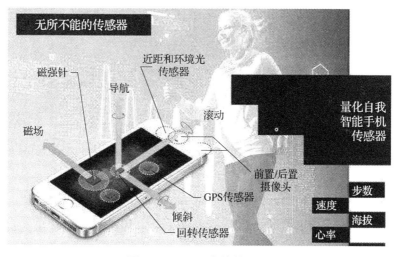

图 1 - 3　手机中的传感器

1.2　传感器定义、基本结构与分类

传感器是一种以一定的精确度把被测非电（学）量转换为与之有确定对应关系的、便于应用的电学量的测量装置或系统。电学量是各种电现象所涉及的

各种物理量，可以分为电量和电参量两种。电量是能够直接为仪器所测的电学量，如电压、电流、频率等信号；电参量是不能直接为仪器所测，一般需要通过转换电路转换为电量才能测得，如电阻、电容、电感等。由此传感器可以分为电量型传感器与电参量型传感器两大类。

电学量之外所有的物理量、化学量、生物学量等，都属于非电量。通常所测的物理量包括位移、距离、厚度、角度、速度、转速、加速度、质量、力、压强、温度、光照度、磁场强度等；化学量包括 pH 值、浓度等。

传感器在非电量测量系统中占有非常重要的地位，它获得信息的准确程度，决定整个测量结果的精度。如果它的测量误差很大，后面的测量电路、放大电路、指示器精度再高，也难以提高整个测量系统的测量精度。如果传感器的直接输出结果是电阻、电容、电感等电参量，就需要测量电路将其转化为电压、电流等电量，这样才能用电测仪表进行测量并在指示仪上指示或者在记录仪上记录。如果输入电量信号非常微弱，还需要放大电路进行放大后才能启动指示仪或者记录仪工作。测量结果的指示方式有三种：模拟显示、数字显示和图像显示。模拟显示利用指针的移动显示读数，数字显示是以数字方式显示读数，图像显示则在屏幕上显示读数或者显示被测量的变化曲线。目前越来越多的情况采用计算机进行测量数据的采集、显示和记录，与其他方式相比，具有功能强、可靠性高、成本低及智能化等突出优点。

传感器的基本结构一般由敏感元件、转换元件、测量电路组成。敏感元件直接感受被测的非电量并将其转换为与之有确定关系的物理量（包括电量或者其他非电量），如果敏感元件转换而成的是另外的非电量信号，则需要转换元件将其转换为电量信号。如果敏感元件或者转换元件输出的是电阻、电容或者自感等电参量信号，则需要电桥电路、调频电路等测量电路将其转换为电压、电流或者频率等电量信号以进行显示和记录。如果转换而来的电量信号比较微弱不足以驱动显示仪或记录仪，则需要放大电路之类的测量电路进行放大。

传感器的种类非常繁多，往往同一类物理量可以由多种不同种类的传感器进行测量，而同一种传感器又可以测量多种不同的物理量。传感器有多种分类方法，主要包括：

（1）按照传感器的输入非电量（被测的物理量）进行分类，如位移传感器用于测量被测物体的位移，质量传感器用于测量被测物体的质量，以及速度传感器、压力传感器、温度传感器等。

（2）按照传感器敏感元件的输出电学量进行分类，如电阻式传感器、电容式传感器、电感式传感器等。

（3）按照传感器的工作原理进行分类，如磁电式传感器、热电式传感器、压电式传感器、光电式传感器等。

（4）按照信号特征进行分类，如结构型传感器和物性型传感器。前者是被测量的变化通过改变传感器敏感元件材料结构参数（如长、宽、高、面积等）而引起电学量的变化来实现电测，如电位器式传感器、应变式传感器、变极距型电容式传感器、压电式传感器等；后者则是被测量的变化通过改变传感器敏感元件材料物性参数（即物理性质，如电阻率、介电常数、磁导率等）而引起电学量的变化来实现电测，如压阻式传感器、热电阻式传感器、光敏电阻式传感器等。

（5）按照传感器敏感元件与被测对象之间的能量关系（是否有能量交换）进行分类，如能量转换型传感器（有源传感器）和能量交换型传感器（无源传感器）。前者是由被测对象输入能量使其工作，如热电偶式传感器、磁电式传感器。在这种情况下，需要注意，在测量时，由于传感器与被测物体之间存在相互作用而引起被测对象状态的变化，从而带来测量误差。而无源传感器工作所需能量不由被测对象提供，而是由外部提供。众多的传感器属于无源传感器。

1.3　测量系统的基本特性

测量系统的特性，包括静态特性和动态特性。所谓静态特性，是指测量系统处于稳定状态时的输入/输出特性，包括量程、精度、灵敏度、分辨率、线性度、变差、重复性等。动态特性是指检测系统的输入信号随时间变化时，系统的输出与输入之间的关系。本书主要讨论静态特性。

1. 量程

测量系统的量程是指测量系统的测量范围，一般由最大允许测量值和最小允许测量值表示。

2. 精度（准确度）

在正常的使用条件下，测量系统测量结果的准确程度称为仪表的精度或准确度。精度可用下列公式表示：

$$仪表精度 = \frac{测量系统整个量程范围内的最大绝对误差}{仪表量程} \times 100\%$$

通常采用精度等级来衡量测量系统的质量。精度等级即仪表精度去掉百分符号（%），我国工业仪表等级分为 0.1、0.2、0.5、1.0、1.5、2.5、5.0 等七个等级。

3. 灵敏度

灵敏度指的是测量系统单位输入量的变化引起输出量变化的大小，即静态特性曲线（传感器输入－输出关系曲线）的斜率。灵敏度可能随着输入量的变化而有所变化。

4. 分辨率

分辨率指的是测量系统在规定测量范围内所能检测出被测输入量的最小变化值。对于刻度式仪表，一般是仪表最小分度值的 $1/2 \sim 1/5$。对应数字显示的情况，一般是最小有效数字表示的单位值。

5. 非线性度

测量系统理想的输入－输出关系在量程范围内是一条直线，而实际输入－输出关系曲线则偏离这条直线，偏离程度用非线性度表示：

$$非线性度 = \frac{实际与理想输入－输出关系曲线之间输出值的最大偏差}{量程} \times 100\%$$

非线性度的大小与参考直线的选择有关，如图 1－4（a）所示，参考直线的画法是保证标定线与参考直线的最大正负误差绝对值相等并最小，称为独立线性；如图 1－4（b）所示，参考直线通过标定线的两个端点，称为端点线性；如图 1－4（c）所示，参考直线通过标定线左端点，且保证标定线与参考直线的最大正负误差绝对值相等并最小，称为基零线性。

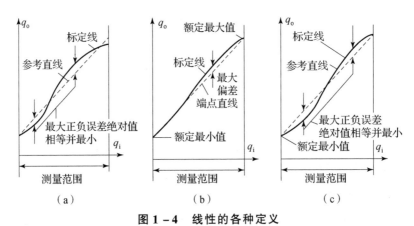

图 1－4 线性的各种定义

（a）独立线性；（b）端点线性；（c）基零线性

另外，如果非线性度较小，意味着灵敏度随输入量的变化而变化较小。

小的非线性度或者说好的线性度，目前是传感器、特别是模拟式传感器设计的要求。非线性度也与量程有关，在小的测量范围内，可以有小的非线性度，所以测量系统非线性度的评价要结合量程。

6. 变差（迟滞、滞后）

外界环境条件不变，用同一测量系统对被测量进行正反行程（被测量逐渐由小到大，然后由大到下）检测时，对相同的被测值，仪表的示值却不相同。这种差异由变差来表征，如图 1 - 5 所示。

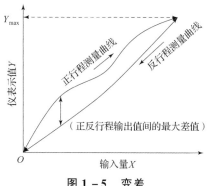

图 1 - 5　变差

$$变差 = \frac{正反行程的两测量曲线之间的最大偏差}{量程} \times 100\%$$

变差是由于测量仪表内运动部件之间的内摩擦、磁滞等原因造成的。

7. 重复性

测量系统如果多次在全部量程进行同一方向的测量，所得测量曲线可能并不一致。反映这种不一致的程度可以用重复性来表示，如图 1 - 6 所示。

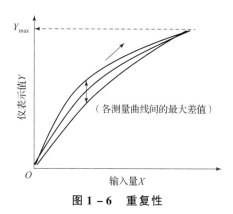

图 1 - 6　重复性

习题

1. 简要说明传感器的分类。

2. 解释以下概念：

量程、精度、灵敏度、分辨率、非线性度、变差、重复性。

第 2 章
材料中的电现象

传感器在工作时，即在各种非电量转换为电学量的过程中，涉及材料中的各种"电"现象，包括各种电极化、电流、电容、电感等现象。了解这些"电"现象，是了解传感器工作原理的基础。而了解传感器的工作原理，是合理选择、设计和选用传感器的基础。

2.1　电极化与电压

任何材料都是由带正电荷的原子核或者正离子与带负电的电子或者负离子组成。如果材料中的正负电荷或正负离子整体上均匀分布，正负电荷中心重合，则材料称为非极性的材料。如果材料中的正负电荷或正负离子在材料部分区域存在富集，材料中正负电荷中心不重合，则材料整体上存在极性，称为极性材料。

材料的电极化程度可以用电极化强度表示，即单位体积的晶体中分子（晶胞）的电偶极矩之矢量和，可以看作单位体积内正或负电荷电量 × 正负电荷中心距离，方向为负电荷中心指向正电荷中心，这与其中电场线方向相反。所谓电偶极矩，指的是携带等量的但符号相反的电荷量 q 的一对点电荷，构成一对电偶极子，间距为 r，则 $p = q * r$ 称为电偶极矩，它是矢量，方向为负电荷中心指向正电荷中心。常见的极性材料包括极性晶体电气石、蔗糖、氧化锌、硫化镉、聚偏氟乙烯等。材料存在电极化时，不同区域电位不同，其中富集正电荷的区域电位较高，富集负电荷的区域电位较低，因而在材料不同区域存在电位差或者电压。

材料的电极化程度可以通过外力将正负电荷分开而得以改变。能够作用于正负电荷使得它们分开的外力类型包括电场力、洛伦兹力、机械外力和扩散驱动力。

1. 电场力

材料加上电场后，材料中的正负电荷受到方向相反的电场力的作用而分开，如图 2-1 所示。对于正负电荷都是束缚电荷的非极性介电体，电场力使得正负电荷中心分离，物质极化，诱发内电场。内电场与外加电场方向相反，因而对外电场起削弱作用。通常在一定环境条件下，外加电场的强度与最终介质中的电场强度成正比，其比值对同一种材料来说是常数，称为介电常数。材料的介电常数与材料的微观结构密切相关，同时与温度、电场的变化频率有关。显然，材料的介电常数反映了材料中正负电荷之间的束缚作用大小，束缚力越大，一定外电场下极化程度越小，对外电场的削弱作用越小，介电常数越小。对于金属，外加静电场后，理论上内电场强度等于外电场强度，金属中电场强度等于零，则介电常数无穷大，意味着金属中束缚正离子对自由电子的束缚非常微弱，如图 2-2 所示。

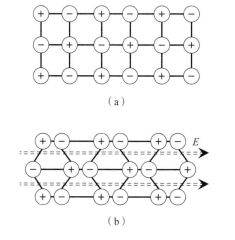

（a）

（b）

图 2-1　介电体在外电场中的极化

（a）加电场前；（b）加电场后

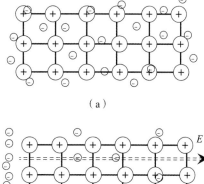

（a）

（b）

图 2-2　金属在外电场中的极化

（a）加电场前；（b）加电场后

另外应注意，外电场施加于材料使之极化或者改变极化状态时，材料的宏观尺寸也会发生变化，这种现象称为电致伸缩效应。

2. 洛伦兹力

材料中的正负电荷在运动或者变化的磁场中也会受到外力的作用，称为洛伦兹力。在同样的运动或变化磁场中，正负电荷所受洛伦兹力的方向相反，因而会被分开而极化，这里我们称为"磁极化"。

磁极化与外加电场力的极化情况相似。任何物质都会因磁极化而改变极化状态。理论上材料的磁极化也会使材料的宏观尺寸发生变化，但一般非常微弱。

3. 机械外力

当一个宏观的机械外力施加于材料，材料中的正负电荷会受到力的作用。但是与前者不同的是，并非所有材料中的正负电荷都会受到相反的力的作用而分开。正负电荷能够被机械外力分开的材料首先应该是绝缘体或者半导体，其次，原子的排列应该具有非中心对称性。图 2 − 3 所示为两种原子排列具有不同中心对称性的材料在机械外力作用下的极化情况。显然，如果材料中原子排列具有中心对称性，在机械外力作用下材料变形后，正负电荷中心并未分离。而原子排列具有非中心对称性的介电体，在机械外力作用下变形后，则有可能发生正负电荷中心的分离而极化，这种现象称为压电效应。

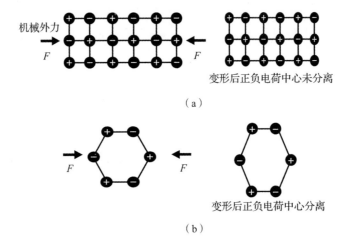

（a）

（b）

图 2 − 3　压电效应示意图

（a）原子排列具有中心对称性的材料受机械外力变形后无极化；

（b）原子排列不具有中心对称性的材料受机械外力变形后有极化

4. 扩散驱动力

如果某种自由电荷的浓度在材料不同区域的浓度不同或者温度不同，则它在不同区域的化学势不同。根据化学势的计算公式：

$$\mu_A = \mu_A^\theta + RT\ln(x_A) \tag{2.1}$$

式中，μ_A 是组元 A 的化学势；μ_A^θ 是组元 A 在系统标准态的化学势；R 是气体常数；T 是绝对温度；x_A 是组元 A 在系统中的质量分数。根据式（2.1）可知，如果某导体不同区域的温度不同，自由电子在温度高的区域化学势高，在温度低的区域化学势低；根据热力学第二定律，自由电子将从化学势高的高温区向化学势低的低温区扩散，结果导致低温区富集负电荷而电位降低，高温区富集正电荷而电位升高，不同温度区域出现电位差，即材料整体出现极化。另外，不同的导体之间自由电子的浓度不同，根据式（2.1）可知，在温度相同的情况下，自由电子在不同导体之间的化学势也有差异，当两种导体接触，电子也会从自由电子浓度高（即化学势高）的导体向自由电子浓度低的导体扩散，从而在不同的导体之间出现电位差。某种组元因在不同区域的化学势差异而推动其扩散的力，称为扩散驱动力。

我们可以利用材料的电极化现象设计电量型传感器，即设计一种装置，能够使得被测非电量的变化对材料产生不同的极化力，让材料出现不同程度的极化，从而在材料中产生不同的电位差（电压 V）。这种电位差与被测非电量有确定的对应关系，这样我们测得电位差的大小，就能算出被测量。

2.2　电导与物质的导电性

如果材料出现电极化，有了电压，储存了电能，那么它就可以作为一个电源向外输出能量。如果电压施加于一段导电物体，导电物体中就会出现电荷的定向流动。单位时间内通过导电物体横截面的电量称为电流强度，简称电流。对于一定的导电物体（宏观结构、微观结构、外在环境一定），导电物体中电流的强度与导电物体两端施加的电压之间的比值通常是一个常数，称为电导。通常我们采用电导的倒数，即电阻。电导与导电物体的尺寸和导电物质本身的微观结构有关，它们的数学关系如下：

$$G = \sigma \frac{s}{l} \tag{2.2}$$

式中，G 是电导；l 是导体的长度；s 是导体的横截面积；σ 是导体的电导率（它的倒数称为电阻率），它是物质本身的属性，与物质的形状与尺寸无关。电导率的定义是导电物体单位长度、单位横截面的电导，物理意义是反映导电物质传导电流的能力。导电物质的电导率与物质的微观结构有关，数学表达如下：

$$\sigma = ne\mu \tag{2.3}$$

式中，σ 为电导率；n 为载流子密度；e 为电子电荷量；μ 为迁移率。

从微观结构上来讲，物质的电导率与物质中自由电荷的密度以及晶格缺陷的类型与密度有关，前者反映了载流子的数量；后者反映了载流子流动的阻力，从而影响了载流子迁移率。环境温度的增加加剧了原子的振动，增加了电子的散射作用，也会通过减小其迁移率而减小物质的电导率。如一个 220 V、40 W 电灯灯丝的电阻，未通电时只有 100 Ω 左右，而正常发光时高达 1 210 Ω[1]。另外，压力、磁场、光照度、气体的吸附等，都会通过改变物质中载流子浓度或者载流子迁移率而改变物质的电导率，从而改变导电物体的电导或电阻，相应的物理效应分别称为压阻效应、磁阻效应、内光电效应等。这些效应都可以加以利用设计相应的传感器。

注意，电导率（电阻率）和电导（电阻）是两个不同的概念，电阻率是反映物质对电流阻碍作用的属性，电阻是反映物体对电流阻碍作用的属性。

2.3　电容与物质的介电性

如前所述，如果材料出现电极化，有了电压，储存了电能，那么它就可以作为一个电源向外输出能量。如果电压施加于两个极板，极板上会储存等量的异种电荷，如果极板间填充绝缘物质（介电体），物质会发生极化产生附加的内电场，该电场会在两个极板上吸引更多电荷。对于一定的电容器，其电荷量与电压的比值往往是一个常数，称为电容。电容与极板的尺寸因素以及极板间填充的介电体物质的微观结构有关，其数学关系如下：

$$C = \varepsilon \frac{s}{l} \tag{2.4}$$

式中，C 是电容；l 是极板间距；s 是极板间重叠面积；ε 是介电体的电容率或者绝对介电常数，它与真空的绝对介电常数之比，等于相对介电常数或简称介电常数，它是介电体物质本身的属性，与介电体物体的形状与尺寸无关。

电容率表征物质被极化和储存电荷的能力。电容率越大，表示物质中正负电荷越容易被外电场力分开，即一定外电场下极化强度越大，使得极板中储存的电荷量越大。电容率或介电常数是表征物质介电性的性能指标。所谓物质或材料的介电性，是指在电场作用下，材料中无电荷定向流动时对电场表现出来的某种响应特性。

根据式（2.4）可知，我们可以利用被测物理量影响电容器的极板间距 l、极板间重叠面积 s 或介电体的介电常数 ε 而引起电容改变来设计传感器。

注意，绝缘体并非不导电，而是不能传导直流电流。如果通过电极施加于绝缘体的电压是交变电压，则产生的交变电流是可以"通过"绝缘体的。从微观上看，绝缘体是通过电偶极子的周期振动和摆动来"传导"交变电流的。此时，电压和电流的关系为

$$\frac{U}{I} = \frac{1}{j\omega C} \tag{2.5}$$

式中，U、I、ω 分别是电压、电流与变化频率；j 为虚数单位。由式（2.5）

得到

$$I = j\omega CU \qquad (2.6)$$

式（2.6）说明，当电压变化频率 ω 趋于 0，即电压趋于不变时，电流强度趋于 0；而电压变化频率增加，电流的幅值增加，电容增加，电流的幅值也增加，说明电容器中绝缘体有"阻直流、通交流"的特性。另外，式（2.6）中虚数 j 的存在，说明电压 U 和电流 I 是周期变化的量。虚数 j 乘以 U，说明电流 I 的变化（相位）比电压 U 超前 90°，这从某个角度上也说明电容能够促进交变电流的流动。

2.4　电感与物质的导磁性

当电压加在绕制成线圈的导体两端使线圈产生电流时，线圈产生感应磁场。若电流变化使得感应磁场变化，则会在线圈中产生附加的感应电流去抵制原来的电流变化。对于一定的线圈，通电后线圈中通过的磁通链（磁通量与线圈匝数的乘积）与电流的比值是一个常数，称为电感。如果线圈中通过的磁通量是线圈本身电流产生的，这样的电感（线圈中通过的磁通链与线圈自身电流之比）称为自感，用 L 表示；如果本线圈中通过的磁通量是另外的线圈中的电流产生，这样的电感（本线圈中通过的磁通链与另外线圈的电流之比）称为互感，用 M 表示。

自感 L 与线圈的匝数 N、通过线圈的磁力线路径的磁阻 R_m 有关，数学关系如下：

$$L = \frac{N^2}{R_m} \qquad (2.7)$$

如果在线圈中电流一定的情况下，在线圈中插入铁芯，磁阻则会大大减小，使得磁场增强，磁通增加，因而自感 L 增加。磁阻有如下决定式：

$$R_m = \frac{l}{\mu s} \qquad (2.8)$$

式中，l、s、μ 分别是导磁路径的长度、横截面积与物质的磁导率。将式（2.8）代入式（2.7），得到自感 L 的决定式：

$$L = \frac{N^2 \mu s}{l} \qquad (2.9)$$

根据式（2.9）可知，我们可以利用被测物理量影响等号右边的各个因素而引起自感 L 改变来设计传感器。

对于导线绕制的线圈，通常电阻值非常小，可以认为对于直流电流是没有阻碍作用的。但是如果是交流电流，它产生的交变磁场会在线圈中产生反向的感应电动势而阻碍电流的变化。此时，电压和电流的数学关系如下：

$$\frac{U}{I} = j\omega L \tag{2.10}$$

也可写成

$$I = \frac{-j}{\omega L}U \tag{2.11}$$

式（2.11）说明，线圈中是直流电流的情况下（$\omega = 0$），电流无穷大，即对电流无阻碍作用；在交变电流的情况下，频率越大，电流幅值越小；自感越大，电流幅值亦越小，说明自感在交变电流的情况下，是阻碍电流流动的，即线圈的作用是"通直流、阻交流"。另外，式（2.11）中虚数 j 的存在，说明电压 U 和电流 I 是周期变化的量。虚数 $-j$ 乘以 U，说明电流 I 的变化（相位）比电压 U 滞后 90°，这从某个角度上亦说明自感会阻碍交变电流的流动。

线圈结构一定的情况下，自感和互感与磁路中物质的磁导率密切相关。磁路中物质的磁导率越高，通电线圈在一定电流下产生的磁通量越大，因而自感与互感越大。物质的磁导率与物质中原子或分子是否有固有磁矩（未配对电子）有关，同时与近邻原子交换作用的大小与正负有关。若没有固有磁矩，则相对磁导率很小且略小于 1。若有固有磁矩，在交换作用大于零时，相邻原子磁矩平行排列，产生铁磁性，相对磁导率很大；在交换作用小于零时，相邻原子磁矩反平行排列，相对磁导率很小。

2.5　小结

最后用图 2-4 来说明本节的基本内容，该图将是后面章节内容的"地图"。总之，传感器设计的基本思路是，被测非电量通过一种材料和装置改变图中任何一种电学量（U、I、R、C、L 等）。

习题

1. 简述材料的电极化可以通过哪些途径实现。

2. 材料的导电性、介电性和导磁性与材料的哪些因素有关？

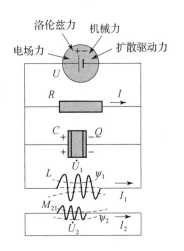

**图 2-4　材料中的
"电"现象汇总图**

第 3 章
电阻式传感器

电阻式传感器是一类将被测非电量转换为电阻值的传感器，如图 3-1 所示。对于一段长为 l、横截面积为 s、电阻率为 ρ 的导体，它的电阻值为

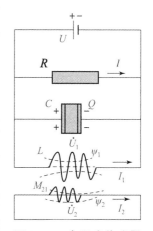

$$R = \rho \frac{l}{s} \qquad (3.1)$$

根据式（3.1）可以设计三大类传感器：变长度型电阻式传感器、变面积型电阻式传感器、变电阻率型电阻式传感器。通常的电阻式传感器有电位器式传感器、应变式传感器、压敏电阻传感器、热敏电阻传感器、磁敏电阻传感器、光敏电阻传感器等。其中前两种属于变长度型电阻式传感器（结构型传感器），后四种属于变

图 3-1 电阻式传感器

电阻率型传感器（物性型传感器）。本章主要介绍前三种，它们主要用于把位移、力、压力、加速度、扭矩等非电量转换为电阻值变化，然后利用相应的测量电路转化为电压信号。以电阻式传感器为核心的测力、测压、称重、测位移、加速度、扭矩等测量仪表是冶金、电力、交通、石化、商业、生物医学和国防等部门进行自动称重、过程检测和实现生产过程自动化不可缺少的工具之一。

3.1 电位器式传感器

首先我们讨论电位器式传感器。我们从最简单的线绕电位器式传感器开始，它的基本结构如图 3-2 所示。电位器式传感器在工作时，电刷与被测物体连接。当被测物体移动时，电刷随之移动，电位器输出电阻发生相应变化。输出电阻与被测物体的位移有确定的数学关系。如图 3-3 所示，电位器总有效长度

为 L，电位器总电阻为 R，电刷（滑片）位移为 x，电位器输出电阻为 R_x，传感器供电电压为 V_i，输出电压 V_o，输出电路电阻 R_v。由式（3.1）可得

$$R_x = R\frac{x}{L} \tag{3.2}$$

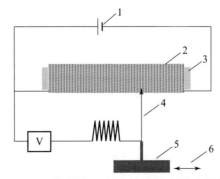

图 3 – 2 线绕电位器式传感器的基本结构

1—直流电源；2—金属绕组；3—绝缘骨架；4—电刷；5—被测物体；6—位移方向

即被测非电量（位移 x）通过电位器转换为电学量（电参量）电阻 R_x，且二者大小成正比，是线性关系。

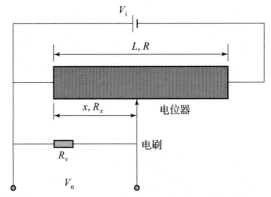

图 3 – 3 电位器式传感器输入 – 输出数量关系

在图 3 – 3 中，R_x 再次通过电阻分压电路，转换为电压。若 $R_v \gg R_x$（R_v 处相当于断路），有

$$V_o = \frac{R_x}{R}V_i \tag{3.3}$$

联立式（3.2）和式（3.3），有

$$V_o = \frac{V_i}{L}x \tag{3.4}$$

式（3.4）说明，传感器被测量 x 与最终输出电压 V_o 成正比；比例系数 V_i/L，即灵敏度，与供电电压 V_i 和传感器有效长度 L 有关。提高电位器供电电压和减

小电位器有效长度，都有利于提高传感器的灵敏度，但是供电电压过高、电流过大会烧毁电位器；电位器有效长度过小，量程会很小。因此，考虑传感器的综合性能，供电电压和电位器长度需要进行合适的选择。

另外，对于线绕电位器式传感器，位移测量的分辨率受到绕线直径的影响。实际上，线绕式电位器输入－输出关系并非式（3.4）所示的线性函数，而是一个阶跃函数，如图 3 － 4 所示。设电位器绕线的总匝数为 100，总电阻为 R，总有效长度为 L。以电位器左端为参考，当电刷移动到第 60 匝线圈时，电位器位移为 $60L/100$，输出为 $60R/100$。电刷继续向右移动，下一个位移 $61L/100$，输出为 $61R/100$，说明电位器的分辨率不超过 $L/100$，它等于绕线直径。

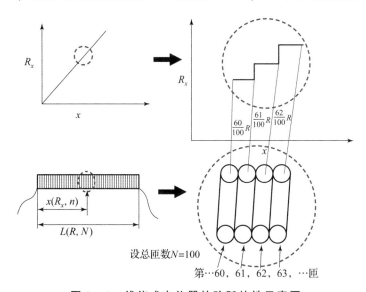

图 3 － 4　线绕式电位器的阶跃特性示意图

线绕电位器式传感器的优点是结构简单，性能稳定，输出信号大，使用方便，对环境要求低，价格低廉。其缺点是，由于其电刷移动时电阻以匝电阻（每匝绕线的电阻值）为阶梯而变化，其输出特性呈阶梯形。如果这种位移传感器在伺服系统中用作位移反馈元件，则过大的阶跃电压会引起系统振荡。因此，在电位器的制作中，应尽量减小每匝绕线的电阻值。线绕电位器式传感器的另外两个缺点是易磨损（由于电刷与绕线的摩擦），分辨率低（绕线直径的限制）。下面我们讨论如何克服这两个缺点。

为了克服阶跃电压和分辨率低的问题，可以采用非线绕式电位器。

非线绕式电位器分为膜式电位器和导电塑料电位器两种。膜式电位器又分为碳膜电位器和金属膜电位器。碳膜电位器是在绝缘骨架上喷涂一层均匀的电阻液，经烘干制成电阻膜。电阻液是用经过研磨的炭黑、石墨、石英等材料配制而成。炭膜电位器制造工艺简单，是目前应用最广泛的电位器。其优点是分辨率高，耐磨性好，线性度较好，寿命较长；其缺点是接触电阻大，噪声大。金属膜电位器是在玻璃基体或胶木基体上，用高温蒸镀或电镀方法涂覆一层金属薄膜而制成。用于制作金属薄膜的合金有锗铑、铂铜、铂铑、铂铑锰等。其优点是温度系数小，可在高温下工作；其缺点是耐磨性差、功率小、阻值不高（$1 \sim 2$ kΩ）。导电塑料电位器由塑料粉与导电材料粉（合金、石墨、炭黑）混合后压制而成。它的优点是耐磨性较好，寿命较长，电刷允许的接触压力较大（几十至几百克），适合振动、冲击等恶劣条件下工作；阻值范围大，功率大。其缺点是温度影响较大，接触电阻大，精度不高。

由于膜式电位器不采用绕线，因而可具有较高的分辨率，但是电刷与电阻体之间的摩擦磨损仍然存在。为解决这一问题，我们可以采用光电式电位器，如图 3-5 所示。该电位器在电阻体（薄膜电阻带）与电极之间涂覆一层硫化镉或者硒化镉，称为光电导层。这种硫化物在没有光照时，电阻值很大，相当于绝缘体；而在光照下，阻值迅速减小，相当于导体。当电刷携带窄光束照射到光电导层不同位置，使得不同位置导通，电位器输出电阻也随之变化，相应地输出电阻分压也随之变化。它的优点是不存在耐磨性问题，寿命较长，精度和分辨率高，有良好的可靠性，阻值范围较宽（500 Ω ~ 15 MΩ）；其缺点是结构比较复杂，输出阻抗较高，输出电流较小，受温度影响较大等。

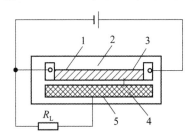

图 3-5　光电式电位器基本结构

1—光电导层——硫化镉（CdS）或硒化镉（CdSe）；2—基体——氧化铝；

3—薄膜电阻带；4—电刷的窄光束；5—导电电极——金属导电条

电位器式传感器的骨架形式包括直线形、环形（单圈型）以及螺旋形（多圈型），如图 3-6 所示。直线形电位器适合直线位移的测量，相应的传感器称为直线位移型变阻式传感器。环形和螺旋形适合角位移的测量，其中螺旋形电位器量程大得多，相应的传感器称为角位移型变阻式传感器。电位器的骨架可以是均匀的，称为线性骨架，这样的传感器称为线性电位器式传感器；骨架也可以是非均匀的，相应的传感器称为非线性电位器式传感器。图 3-7 所示为锥

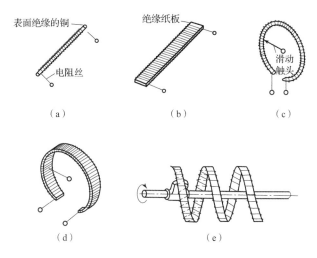

图 3 - 6　电位器式传感器骨架形式

（a）、（b）直线形；（c）、（d）环形；（e）螺旋形

形骨架，其输入电阻 $R_x \propto x^2$，如果以此为转换元件测温度，而相应的温度敏感元件的输入量温度 T 与输出量位移 x 的数学关系是 $T \propto x^2$，因而该测量系统输入量 T 与输出量 R_x 的数学关系是 $R_x \propto T$，即这样的电阻式温度传感器是线性输出的。

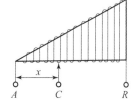

图 3 - 7　非线性电位器

　　非线性电位器也可以通过逐渐改变绕线节距或者电阻率等方式获得所需要的非线性输出。

3.2　应变式传感器

1. 应变效应

　　应变式传感器利用的物理效应是应变效应。所谓应变效应，是指电阻丝在外力作用下发生机械变形时其电阻值发生变化的现象。如图 3 - 8 所示，有一段长为 l，截面为 s，电阻率为 ρ 的圆截面金属丝，根据式（3.1），则它的电阻为

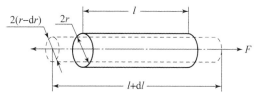

图 3 - 8　金属丝的应变效应

$$R = \frac{\rho l}{s}$$

　　当金属丝受到轴向力 F 而被拉伸（或压缩）时，其 l、s、ρ 均发生变化，如图3 - 8 所示，若金属丝是半径为 r 的圆形截面，截面面积 $s = \pi r^2$，则有

$$R = \rho \frac{l}{\pi r^2} \qquad (3.5)$$

R 取全微分，得到

$$
\begin{aligned}
dR &= \frac{\partial R}{\partial l}dl + \frac{\partial R}{\partial r}dr + \frac{\partial R}{\partial \rho}d\rho \\
&= \frac{\rho}{\pi r^2}dl - \frac{2\rho l}{\pi r^3}dr + \frac{l}{\pi r^2}d\rho \qquad (3.6) \\
&= R\left(\frac{dl}{l} - 2\frac{dr}{r} + \frac{d\rho}{\rho}\right)
\end{aligned}
$$

等号两边除以 R，得

$$\frac{dR}{R} = \frac{dl}{l} - 2\frac{dr}{r} + \frac{d\rho}{\rho} \qquad (3.7)$$

若金属丝沿长度方向受力而伸长（或缩短）Δl，通常将 $\Delta l/l$ 称为纵向应变，标为 ε。因为它的数值在通常的测量中甚小，故常用 10^{-6} 作为单位来表示，称为微应变，标以 $\mu\varepsilon$。例如 $\varepsilon = 0.001$ 就可以表示为 $1\,000\mu\varepsilon$，称为具有 1 000 微应变。金属丝沿其轴向拉长时，其径向尺寸 r 会缩小，二者之间的关系为

$$\frac{dr}{r} = -\mu \frac{dl}{l} = -\mu\varepsilon \qquad (3.8)$$

将式（3.8）代入式（3.7），得

$$\frac{dR}{R} = (1 + 2\mu)\varepsilon + \frac{d\rho}{\rho} \qquad (3.9)$$

对大多数金属来说，$(1 + 2\mu)\varepsilon \gg d\rho/\rho$，因此可认为

$$\frac{dR}{R} = (1 + 2\mu)\varepsilon \qquad (3.10)$$

根据式（3.10）可知，金属丝可以将应变 ε 转换为电阻的相对变化。利用这个原理设计的传感器称为应变式传感器。应变是长度的相对变化，因此这一类传感器仍然属于变长度型电阻式传感器。而长度的变化也伴随着横截面积的变化，也属于变面积型传感器。该传感器因为是通过改变金属物体的结构参数（长度或面积）而改变其电阻值，所以也属于结构型传感器。

在一定的范围内，dR 可以用 ΔR 取代。

2. 应变片基本类型与结构

一般在应变式传感器中，金属丝电阻体是敏感元件，是金属电阻应变片最重要的部分，通常绕制成栅形，以缩小所占空间，称为敏感栅。金属电阻应变片的种类根据其中敏感栅的形态，分为丝式应变片、箔式应变片和薄膜式应变片。如图 3 - 9 所示，金属丝式电阻应变片由金属丝敏感栅、基底、保护片、引线和

黏合层等组成。基底用来支持敏感栅，并且将被测物体的应变迅速、准确地传递到敏感栅，因此做得很薄。保护片的作用是防损、防潮、防腐等。黏合层用来将应变片牢固粘贴在被测物体上。一般采用的栅丝直径为 0.015～0.05 mm。箔式应变片（图 3-10）的敏感栅是一层很薄的金属箔栅，利用光刻、腐蚀等工艺制成，厚度为 0.01～0.10 mm，而横向部分尺寸比较大，这样可以大大减小横向效应[①]。与金属丝式应变片相比，箔式应变片的优点是散射性能好、允许电流大、寿命长、可制成任意形状、易加工、生产效率高等，已逐渐取代丝式应变片而占据应变片的主要地位。薄膜式应变片采用真空蒸发或者真空沉积的方法，将金属材料直接镀制于弹性基片上。薄膜式应变片相对于前两者，其应变传递性能得到极大改善，几乎没有蠕变，并且具有应变灵敏度高、稳定性好、可靠性高、工作温度范围宽（－100～180 ℃）、使用寿命长、成本低等优点，很有发展前景。但目前的主要问题是，难以控制电阻与温度的关系。

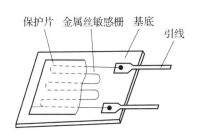

图 3-9　丝式应变片

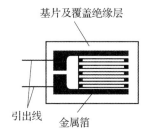

图 3-10　箔式应变片

应变片金属敏感栅的选材要求包括应变电阻灵敏度高、电阻温度系数小、电阻率大、机械强度大且易于拉丝或碾薄（塑性好）、与其他金属的接触热电势小等。常用金属敏感栅材料有康铜、镍铬合金、镍铬铝合金、铁铬铝合金、铂、铂钨合金等。

应变片在设计和使用时，需要考虑横向效应，即敏感栅中垂直于金属丝（箔）长度方向的应变效应。从这一点看，箔式应变片要比丝式应变片好。

3．测量电路——电桥

应变式传感器的应变片作为传感器敏感元件，将被测物体的应变（也就是长度的相对变化 $\Delta L/L$）转换为电参量（电阻）的相对变化，完成了测量中的关键一步。在这一点上，敏感元件的作用相当于显微镜的物镜。在显微镜中，物镜的成像质量、特别是分辨率，对整个显微镜的成像质量起着决定作用。但是物

---

①　在应变片中，将电阻丝绕成敏感栅后，虽然长度不变，但其直线段和圆弧段的应变状态不同，其灵敏系数 K 比整长电阻丝的灵敏系数 K_0 小，该现象称为横向效应。

镜所成图像往往还要经过一系列其他部件，才能最终到达我们的眼睛或者荧光屏上被我们观察到。比如经过目镜（光学显微镜）、中间镜和投影镜（透射电镜）放大，经过荧光屏或者 CCD 转换和显示信号。对于传感器，敏感元件的信号往往也需要进一步处理（信号如果不是电量信号，则需要转换；信号过于微弱则需要放大），才能最终得以显示和记录。对于应变式传感器，应变片的输出——电阻相对变化，它的电量（即电压）转换通常采用电桥。

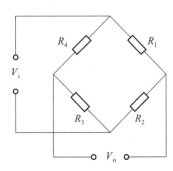

图 3-11　电桥电路

　　电桥是一种测量电阻的电路装置，如图 3-11 所示，它由四个电阻元件（广义来讲，阻抗元件）串联成一个回路，这四个电阻元件称为电桥的四个臂。在连接四个臂的四个接点中，选择一对不相邻的接点连接电源，然后测量另外一对（当然也是不相邻的）接点之间的电压或者电流值。如图 3-11 所示，V_i 是供电电压，V_o 是输出电压，R_2 与 R_3 是已知固定电阻，R_1 是带读数的可调电阻，R_4 是被测电阻，如果调整 R_1，使得电桥输出电压 V_o 等于 0 或者电流等于 0（称为电桥平衡），此时有 $R_4/R_3 = R_1/R_2$，因此由已知的固定电阻值 R_2、R_3 和可调电阻 R_1 的读数，就可算出被测电阻 R_4 的值。若 $R_2 = R_3$，则 $R_4 = R_1$，即由可调电阻读数直接读出被测值。

　　平衡电桥（输出为 0 的电桥）可以测电阻的绝对值。而非平衡电桥也可以根据电桥输出电压来计算被测电阻的电阻值，但计算稍复杂。非平衡电桥则更方便地用于电阻值相对变化的测量。下面讨论如何利用电桥来测量应变片电阻的相对变化。

　　图 3-10 中，设 R_4 为应变片电阻。在测量前，首先让电桥达到平衡，则有

$$\frac{R_3}{R_4} = \frac{R_2}{R_1} \equiv c \tag{3.11}$$

式中，c 称为桥臂比。测量时，R_1、R_2、R_3 保持不变，被测电阻的阻值由 R_4 变化为 $R_4 + \Delta R$，则输出电压 V_o 为

$$V_o = V_i \left(\frac{R_4 + \Delta R}{R_4 + \Delta R + R_3} - \frac{R_1}{R_1 + R_2} \right) \tag{3.12}$$

经整理得

$$V_o = \frac{V_i \left(\dfrac{\Delta R}{R_4} \cdot \dfrac{R_2}{R_1} \right)}{\left(1 + \dfrac{\Delta R}{R_4} + \dfrac{R_3}{R_4} \right) \cdot \left(1 + \dfrac{R_2}{R_1} \right)} \tag{3.13}$$

设应变片电阻的相对变化

$$x \equiv \frac{\Delta R}{R_4} \qquad (3.14)$$

将式（3.11）、式（3.14）代入式（3.13），得

$$V_o = \frac{cV_i}{(1+x+c) \cdot (1+c)} x \qquad (3.15)$$

因 $x \ll c$，故有

$$V_o = \frac{cV_i}{(1+c)^2} x \qquad (3.16)$$

设

$$k \equiv \frac{cV_i}{(1+c)^2} \qquad (3.17)$$

式中，k 是电桥的灵敏度，即输入（V_o）–输出（x）关系系数。由式（3.16）可知，当 V_i 一定，可以算出 $c=1$ 时灵敏度最大。此时四个桥臂电阻相等，称为等臂电桥。对于等臂电桥，如果四个桥臂仅有一个是应变片，其他三个是固定电阻，如图 3 – 12 所示，则电桥灵敏度，即输入（应变片电阻的相对变化 $\Delta R_4/R_4$）与输出（电压 V_i）关系系数：

$$k = \frac{V_i}{4} \qquad (3.18)$$

电桥的灵敏度 k 可以通过差动半桥和差动全桥提高。图 3 – 13 所示为差动半桥的示意图，箭头上下表示应变片电阻变化方向相反，且变化的绝对值相等。对于差动半桥，有

$$V_o = V_i \left(\frac{R_4 + \Delta R}{R_4 + \Delta R + R_3 - \Delta R} - \frac{R_1}{R_1 + R_2} \right) \qquad (3.19)$$

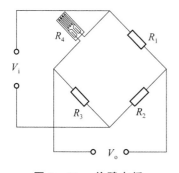

图 3 – 12　单臂电桥

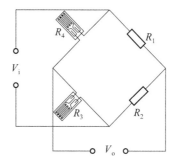

图 3 – 13　差动半桥

对于等臂电桥，$R_1 = R_2 = R_3 = R_4$，故

$$V_o = \frac{V_i}{2} \cdot \frac{\Delta R}{R_4} \qquad\qquad (3.20)$$

即差动半桥（等臂电桥）灵敏度为 $V_i/2$，是单臂电桥的 2 倍。

对于差动全桥，有

$$V_o = V_i\left(\frac{R_4 + \Delta R}{R_4 + \Delta R + R_3 - \Delta R} - \frac{R_1 - \Delta R}{R_1 - \Delta R + R_2 + \Delta R}\right)$$

$$\qquad\qquad (3.21)$$

对于等臂电桥，如图 3 – 14 所示，因 $R_1 = R_2 = R_3 = R_4$，故

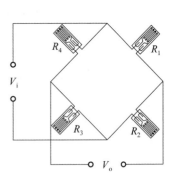

图 3 – 14 差动全桥

$$V_o = \frac{V_i}{1} \cdot \frac{\Delta R}{R_4} \qquad\qquad (3.22)$$

即差动全桥（等臂电桥）灵敏度为 $V_i/1$，是单臂电桥的 4 倍，差动全桥的 2 倍。

另外，从数学推导过程中可知，与单臂电桥相比，差动半桥和差动全桥不仅灵敏度得以成倍提高，并且线性度也得以改善，是应变式传感器经常采用的形式。

3.3 压阻式传感器

1. 压阻效应

如前所述，某种材料电阻的相对变化有如下决定式：

$$\frac{dR}{R} = (1 + 2\mu)\varepsilon + \frac{d\rho}{\rho}$$

对于一般的金属材料，$(1 + 2\mu) \gg d\rho/\rho$，所以等式右边电阻率的相对变化对电阻的影响可以忽略。但是对于很多半导体材料，情况则相反，即 $d\rho/\rho \gg (1 + 2\mu)$，所以有

$$\begin{aligned}\frac{dR}{R} &\approx \frac{d\rho}{\rho} \\ &= \pi_l \sigma \qquad\qquad (3.23) \\ &= \pi_l E \varepsilon\end{aligned}$$

式中，π_l、σ、E 分别是材料的压阻系数、材料被施加的外应力、刚度。对于半导体，当沿着某一轴向施加一定应力时，材料的电阻率发生变化，这种现象称为半导体的压阻效应。式（3.23）即半导体压阻效应的数学表达式。压阻效应主要强调材料外力作用下电阻的变化是受电阻率变化的影响，而应变效应主要

强调材料外力下电阻的变化是受电阻体尺寸因素（宏观结构因素）的影响。对于一些半导体，压阻效应远比应变效应显著；对于金属或合金，应变效应则远比压阻效应显著。总的来说，半导体的电阻变化对应力－应变的变化比一般的金属与合金灵敏得多，相差 50～100 倍。对于单晶材料，其压阻效应具有各向异性，压阻系数是一个张量。

利用压阻效应制作的传感器称为压阻式传感器。它主要利用单晶硅材料的压阻效应，并采用集成电路技术制成。从微观机制上看，力作用于单晶硅使其晶格产生变形，能带变化，载流子从一个能谷向另外一个能谷散射，引起载流子迁移率发生变化，从而使硅的电阻率发生变化。

2. 基本类型与结构

压阻式传感器包括体型半导体应变计、薄膜型半导体应变计、扩散型半导体应变计等。体型半导体应变计是将单晶硅锭切片、研磨、腐蚀压焊引线，最后粘贴在酚醛树脂或聚酰亚胺的衬底上制成的。与金属应变式传感器一样，半导体应变片需要粘贴在试件上以测量试件应变，或粘贴在弹性敏感元件上间接地感受被测外力。与电阻应变片相比，半导体应变片具有灵敏系数高（高 50～100 倍）、机械滞后小、体积小、耗电少等一系列优点。

薄膜型半导体应变计是利用真空沉积技术将半导体材料沉积在带有绝缘层的试件上或蓝宝石上制成的，如图 3－15 所示。它通过改变真空沉积时衬底的温度来控制沉积层电阻率的高低，从而控制电阻温度系数和灵敏度系数，因而能制造出适于不同试件材料的温度自补偿薄膜应变计。薄膜型半导体应变计兼具金属应变计和半导体应变计的优点，并避免了它的缺点，是一种比较理想的应变计。

扩散型半导体应变计是将 P 型杂质扩散到一个高电阻 N 型硅基底上，形成一层极薄的 P 型导电层，然后用超声波或热压焊法焊接引线而制成，如图 3－16 所示。它的优点是稳定性好，机械滞后小，蠕变小，电阻温度系数也比一般体型半导体应变计小一个数量级。其缺点是由于存在 P－N 结，当温度升高时，绝缘电阻大为下降。新型固态压阻式传感器中的敏感元件硅梁和硅杯等就是用扩散法制成的。

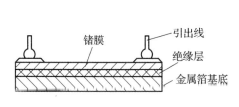

图 3－15　薄膜型半导体应变计

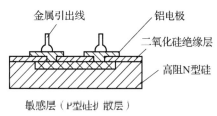

图 3－16　扩散型半导体应变计

3. 特点与应用

压阻式传感器的突出优点是灵敏度高（比金属丝高 50 ~ 100 倍），尺寸小，横向效应小，滞后小，蠕变小，适用于动态测量。其缺点是温度影响比较大，需温度补偿或恒温使用；工艺比较复杂，造价比较高。

压阻式传感器主要用于压力、拉力、压力差以及可以转变为力的变化的其他物理量（如液位、加速度、质量、应变、流量、真空度）的测量和控制。举例如下：

（1）爆炸压力和冲击波的测量、真空测量、测量枪炮腔内压力、发射冲击波等兵器方面的测量。

（2）测量直升机机翼的气流压力分布。

（3）在飞机喷气发动机中心压力的测量中，使用专门设计的硅压力传感器，其工作温度达 500 ℃以上。

（4）在生物医学方面，已制成扩散硅膜薄到 10 μm、外径仅 0.5 mm 的注射针型压阻式压力传感器以及能测量心血管、颅内、尿道、子宫和眼球内压力的传感器。

3.4 应用示例图

电位器式传感器的基本输入类型是位移（位置）传感器，如果加上合适的敏感元件，可以设计成其他输入类型的传感器。比如电位器式压力传感器，需要合适的弹性元件作为敏感元件，将介质压力通过变形转换为位移。其中常用的敏感元件包括弹簧管、膜片、膜盒、波纹管。图 3 - 17 所示为弹簧管电位器式压力传感器。图 3 - 17 中 C 形弹簧管（又称波登管）截面形状为椭圆形或扁平，材料采用铜基或铁基合金。传感器工作时，弹簧管一端固定，一端活动，非圆形截面的管子在其内压力的作用下逐渐胀成圆形，由此自由端产生与压力大小成一定关系的位移。自由端带动电位器电刷移动，导致其输出电阻变化，再通过分压电阻转换为电压的变化。常用的波登管形状除了 C 形，还有螺旋形、C 形组合、麻花形等类型，如图 3 - 18 所示。它与其他压力敏感元件相比灵敏度小些，但可以测量较大的压力。1852 年 E. 波登取得波登管的专利权。至今波登管仍在许多仪器中广泛应用，特别是用于压力和力的测量方面。气体压力转换为位移（包括角位移）的转换元件还有波纹管和膜盒（单层波纹管），其中前者在低压区灵敏度较高。如图 3 - 19 所示，气体压力使波纹管或膜盒膨胀，自由端端面则发生位移，经放大机构（如杠杆）带动电位器电刷产生相应的位移。

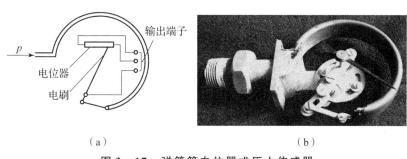

图 3 − 17　弹簧管电位器式压力传感器

（a）结构示意图；（b）实物图

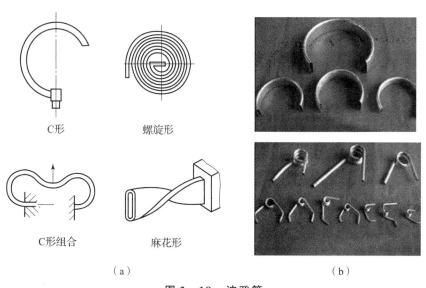

图 3 − 18　波登管

（a）波登管类型；（b）波登管实物图

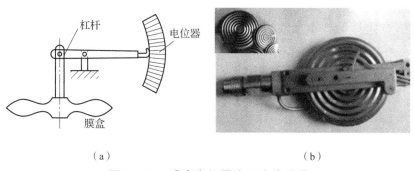

图 3 − 19　膜盒电位器式压力传感器

（a）结构；（b）膜盒压力表

　　图 3 − 20 所示为电位器式加速度传感器。将加速度转换为位移的敏感元件由质量块与弹簧两部分组成，质量块（或称惯性质量）将加速度转换为力，弹簧将力通过变形转换为位移。

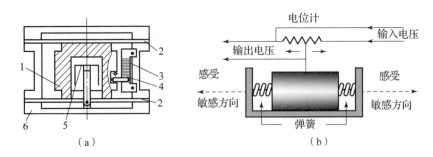

图 3 - 20 电位器式加速度传感器

（a）电位器式加速度传感器1；（b）电位器式加速度传感器2

1—惯性质量；2—片弹簧；3—电位器；4—电刷；5—阻尼器；6—壳体

应变式传感器顾名思义，其基本输入类型是应变，但最常用的类型是力传感器，如图 3 - 21（a）、（b）所示。应变式力传感器需要弹性元件作为敏感元件，将各种类型的力（重力、压力）转换为应变，然后由应变片转换为电阻的变化。

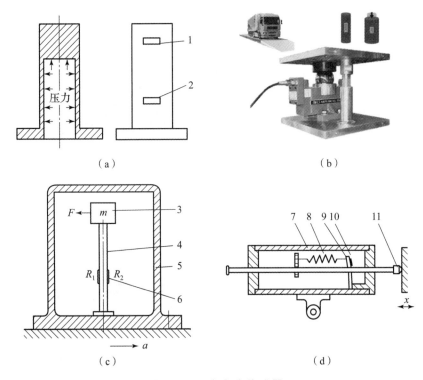

图 3 - 21 应变式传感器

（a）应变筒式压力传感器；（b）应变式重力传感器（地磅）；

（c）应变式加速度传感器；（d）应变式位移传感器

1—温度补偿应变片；2—测量应变片；3—质量块；4—弹性悬臂；5—外壳；

6，10—应变片；7—壳体；8—拉簧；9—悬臂梁；11—测杆

常见的弹性元件有柱式、筒式（管式）、梁式（固定梁、悬臂梁等）、膜片式等，其灵敏度依次增加，但量程依次减小。

图 3 - 21（a）所示为应变筒式压力传感器，弹性敏感元件是一个一端封闭，另一端带有法兰连接的薄壁圆筒。将 2 片或 4 片应变片贴在筒壁上，其中一半贴在实心部分作为温度补偿片，另一半作为测量应变片。没有压力时，4 片应变片组成平衡的全桥电路；如果有压力，圆筒会受力变形成"腰鼓形"，变形传递至电桥的应变片，改变应变片阻值，使电桥失去平衡而输出与压力成一定关系的电压。

应变式力传感器采用合适的敏感元件，也可以测量其他物理量。如图 3 - 21（c）所示，利用质量块，将加速度转换为力，然后力作用于弹性悬臂使之产生应变，最后传递到应变片转换为电阻的变化。如图 3 - 21（d）所示，利用测杆随被测物体的移动，让拉簧变形受力并作用于弹性悬臂使之变形，然后变形传递到应变片转换为电阻的变化。

图 3 - 22（a）、（b）所示为扩散硅压阻式压力传感器。其核心部分是在硅膜上用扩散法或离子注入法制成的四个压敏电阻体并构成全桥。介质压力（或者压力差）作用于硅膜使之变形，变形传递到硅膜上的电阻体，使电阻体的电阻率产生相应的变化。图 3 - 22（c）所示为压阻式液位传感器，它是根据液面高度与液压成比例的原理工作的。该传感器安装方便，可适应于深度为几米至几十米，且混有大量污物、杂质的水或其他液体的液位测量。图 3 - 22（d）所示为硅压阻式微加速度传感器，该传感器将质量块、硅悬臂梁、压敏电阻体、引线等集成在玻璃片上。质量块（敏感元件）将加速度转换为力，作用于硅悬臂梁使之变形，变形传递给硅梁根部的电阻体，根据压阻效应，使之产生相应的电阻变化。

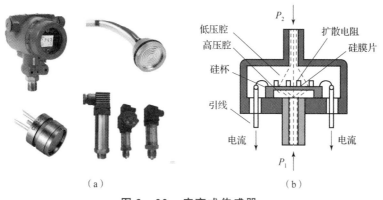

图 3 - 22　应变式传感器

（a）扩散硅压阻式压力传感器；（b）扩散硅压阻式压力传感器基本结构

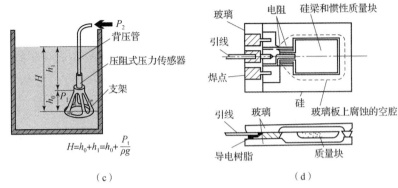

（c）

图 3 - 22　应变式传感器（续）

（c）压阻式液位传感器；（d）硅压阻式微加速度传感器

3.5　小结

（1）电阻式传感器是一类将被测非电量转换为电阻体电阻变化的传感器。本章主要讨论电位器式、应变式、压阻式三种类型。

（2）电位器式传感器的基本测量类型是位移，被测物体位移的变化带动电刷移动，改变电阻体有效长度，从而改变其电阻大小。

（3）应变式传感器的基本测量类型是应变，基本工作原理是应变效应，即被测物体的应变改变电阻体长度的相对变化，从而改变其电阻大小。

（4）压阻式传感器的基本测量类型是应变，基本工作原理是压阻效应，即被测物体的应变改变电阻体电阻率的相对变化，从而改变其电阻大小。

（5）电阻式传感器需要合适的测量电路将电阻的变化转换为可电测的电压等电量信号，包括电阻分压电路、电桥电路等。对于电桥电路，差动半桥和差动全桥比单臂电桥有更高的灵敏度和更好的线性度。

习题

1. 解释什么是应变效应，什么是压阻效应。

2. 为什么电位器式传感器与应变式传感器属于结构型传感器，而压阻式传感器属于物性型传感器？

3. 为什么应用应变片传感器时经常采用差动半桥或全桥形式？

4. 如果利用电位器传感器和应变式传感器测温度，请问应如何设计？描绘传感器基本结构示意图，简要说明其工作原理。

第4章

电容式传感器

电容式传感器是以各种类型的电容器作为传感元件，将被测非电量转换为电容量变化的一种转换装置，可以看作是一个具有可变参数的电容器，如图 4 - 1 所示。电容式传感器广泛用于位移、角度、振动、速度、压力、成分分析、介质特性等方面的测量。

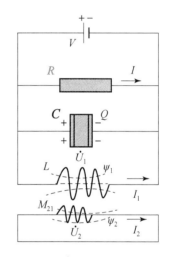

图 4 - 1　电容式传感器

4.1　工作原理

电容式传感器是一种将被测量转换为电容的电参数型传感器。一般的电容器由两个极板和极板间的电介质组成。电容的决定式是

$$C = \varepsilon \frac{S}{l} \qquad (4.1)$$

式中，C、ε、S、l 分别是电容器的电容值、电介质的介电常数（电容率）、极板间有效面积、极板间距。电容式传感器的基本工作原理是将被测非电量的变化转换为电容的变化。

若被测量通过改变电容式传感器极板间距（简称极距）l 来改变其电容 C，我们来推导其输入 - 输出关系。

设电容器初始电容为 C_0，初始极距为 l_0，介电常数与极板间有效面积分别是常数 ε 和 S，则初始电容为

$$C_0 = \frac{\varepsilon S}{l_0} \qquad (4.2)$$

若极距变化量为 Δl，相应的电容变化为 ΔC，此时电容 C 为

$$C = C_0 + \Delta C$$

$$= \frac{\varepsilon S}{l_0 + \Delta l}$$

上式分子分母都除以 l_0，得

$$= \frac{C_0}{1 + \dfrac{\Delta l}{l_0}}$$

上式分子分母都乘以 $1 - \Delta l / l_0$，得

$$= \frac{C_0 \left(1 - \dfrac{\Delta l}{l_0}\right)}{1 - \left(\dfrac{\Delta l}{l_0}\right)^2} \tag{4.3}$$

式（4.3）说明，输入（C 或 ΔC）与输出（Δl）之间是非线性关系。

若 $\Delta l / l_0 \ll 1$，则式（4.3）可以简化为

$$C = C_0 - C_0 \frac{\Delta l}{l_0}$$

$$\frac{C - C_0}{C_0} = -\frac{\Delta l}{l_0} \tag{4.4}$$

$$\frac{\Delta C}{C_0} = -\frac{\Delta l}{l_0}$$

即电容的相对变化 $\dfrac{\Delta C}{C_0}$ 与极距的相对变化 $\dfrac{\Delta l}{l_0}$ 成正比，但变化方向相反。该关系式适用于极距最大变化值小于原极距 1/10 的情况。

若被测量通过改变电容式传感器极板有效面积 S 来改变电容 C，可同理推导得出其输入 – 输出关系为

$$\frac{\Delta C}{C_0} = \frac{\Delta S}{S_0} \tag{4.5}$$

该关系式适用于极板有效面积最大变化值小于原有效面积 1/10 的情况。

4.2 分类与基本结构

根据式（4.1），电容式传感器有三大类型，分别是变面积型、变极距型、变介电常数型。基本结构如图 4 – 2 ~ 图 4 – 4 所示。

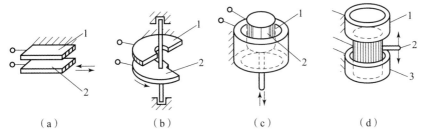

图 4 - 2　变面积型电容式传感器结构原理

（a）平板线位移型；（b）平板角位移型；（c）圆柱线位移型；（d）差动式

1，3—定极；2—动极

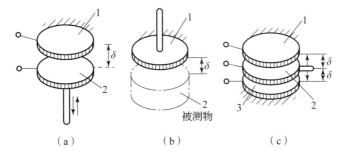

图 4 - 3　变极距型电容式传感器结构原理

（a）动极与被测物连接；（b）被测物为动极；（c）差动式

1，3—定极；2—动极

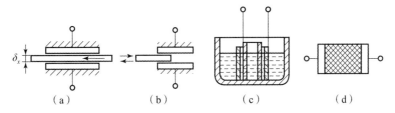

图 4 - 4　变介质常数型电容式传感器结构原理

（a）介质厚度变化型；（b）介质位移型；（c）电容式液位计；（d）变介电常数型

4.3　测量电路

电容的变化可以通过图 4 - 5 所示的测量电路转化为可电测的电量信号。

1. 电桥电路

将电容传感器接入交流电桥的一个臂［另外一个臂为固定电容，如图 4 - 5（a）
所示］或两个相邻臂［图 4 - 5（b）］，另外的两个桥臂可以是电容、电阻或电
感，也可以是变压器的两个二次线圈。其中另外两个桥臂是紧耦合电感臂的电

桥［图4－5（c）］具有较高的灵敏度和稳定性，且寄生电容影响极小，大大简化了电桥的屏蔽和接地，适合于高频电源下工作。而变压器式电桥［图4－5（d）］使用元件最少，桥内电阻最小，因此目前采用较多。

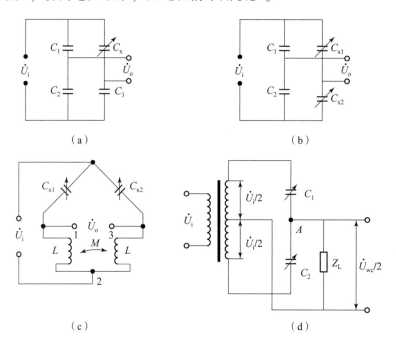

图4－5 电容的测量电路——电桥电路

（a）单臂电桥；（b）差动半桥；（c）紧耦合电感电桥；（d）变压器式电桥

对于单臂电桥（等臂电桥），可以推导得出电桥的输入（电容的相对变化）与输出（输出交流电压）之间的数学关系

$$\dot{U}_o = \pm \frac{\dot{U}_i}{4} \cdot \frac{\Delta C}{C_0} \tag{4.6}$$

式中，$\dot{U}_o$、$\dot{U}_i$、$\frac{\Delta C}{C_0}$分别是电桥的输出电压、供电电压（交流电压）、传感器电容的相对变化。

对于差动半桥（等臂电桥），电桥的输入（电容的相对变化）与输出（输出交流电压的幅值）的数学关系

$$\dot{U}_o = \pm \frac{\dot{U}_i}{2} \cdot \frac{\Delta C}{C_0} \tag{4.7}$$

其灵敏度提高1倍，线性度也有所提高。

对于变压器式电桥，如图4－5（d）所示，则有

$$\dot{U}_o = \pm \frac{\dot{U}_i}{1} \cdot \frac{\Delta C}{C_0} \tag{4.8}$$

注意，对于差动式电桥，当共用动极向上和向下移动同样的距离时，产生的输出电压大小相等，但极性相反。此时要判定位移的方向，需要相敏检波电路的处理。由于电桥输出电压与电源电压成比例，因此要求电源电压波动极小，需要采用稳幅、稳频等措施。因此，在实际应用中，接有电容传感器的交流电桥输出阻抗很高（一般达几兆欧至几十兆欧），输出电压幅值又小，所以必须后接高输入阻抗放大器将信号放大后才能测量。

2. 调频电路

将电容传感器接入高频振荡器的 LC 谐振回路中，作为回路的一部分。当被测量变化使传感器电容改变时，振荡器的振荡频率随之改变，即振荡器频率受传感器电容所调制。其电路组成原理框图如图 4 - 6 所示。

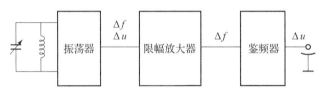

图 4 - 6　调频式电容测量电路

调频振荡器的频率 f 为

$$f = \frac{1}{2\pi\sqrt{LC}} \tag{4.9}$$

由式（4.9）得出电容传感器电容相对变化与频率相对变化的关系

$$\frac{\Delta f}{f} = -\frac{1}{2}\frac{\Delta C}{C} \tag{4.10}$$

频率的变化通过限幅放大器、鉴频器最终转换为输出电压的变化，如图 4 - 6 所示。

调频电路的特点：

（1）转换电路生成频率信号，可远距离传输不受干扰。

（2）具有较高的灵敏度，可以测量高至 $0.01\,\mu m$ 级位移变化量。

（3）非线性较差，可通过鉴频器（频压转换器）转化为电压信号后进行补偿。

3. 运算放大器式电路

将电容传感器接入开环放大倍数为 a 的运算放大电路中，作为电路的反馈组件，如图 4 - 7 所示，图中 $\dot{U}_i$ 是交流电源电压，C_i 是固定电容，C_x 是传感器电容，$\dot{U}_o$ 是输出信号电压。

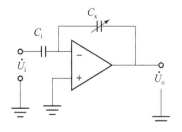

图 4 - 7　运算放大器式电路

由理想放大器的工作原理得

$$\dot{U}_\text{o} = -\frac{\dfrac{1}{\text{j}\omega C_\text{x}}}{\dfrac{1}{\text{j}\omega C_\text{i}}} = -\frac{C_\text{i}}{C_\text{x}}\dot{U}_\text{i} \qquad (4.11)$$

将电容的关系式（4.2）代入式（4.11），得

$$\dot{U}_\text{o} = -\frac{C_\text{i}\dot{U}_\text{i}}{\varepsilon S}l \qquad (4.12)$$

可以看出，输出电压的幅值与动极的位移呈线性关系。

4.4　特点与应用

1. 优点

（1）温度稳定性好。

电容式传感器的电容值一般与电极材料无关，这有利于选择温度系数低的材料，又因本身发热极小，对稳定性影响甚微。而电阻传感器有铜损，易发热产生零漂。

（2）结构简单。

电容式传感器结构简单，易于制造并保证高的精度，并且可以做得非常小巧，以实现某些特殊情况的测量；能在高温、强辐射以及强磁场等恶劣环境中工作，可以承受很大的温度变化，承受高压力、高冲击、过载等；能测量超高温和低压差，也能对带磁工件进行测量。

（3）动态响应好。

电容式传感器由于带电极板间的静电引力很小（10^{-5} N 量级），需要的作用能量极小，又由于它的可动部分可以做得很小很薄，即质量很轻，因此其固有频率很高，动态响应时间短，能在几兆赫的频率下工作，特别适用于动态测量。又由于其介质损耗小可以用较高频率供电，因此系统工作频率高。它可用于测量高速变化的参数。

（4）可进行非接触测量且灵敏度高。

可以非接触测量回转轴的振动或偏心率、小型滚珠轴承的径向间隙等。当采用非接触测量时，电容式传感器具有平均效应，可以减小工件表面粗糙度等对测量的影响。

电容式传感器除了上述的优点外，还因其带电极板间的静电引力很小，所需输入力和输入能量极小，因而可测极低的压力、力和很小的加速度、位移等，

可以做得很灵敏，分辨率高，能感应 $0.01~\mu\mathrm{m}$ 甚至更小的位移。由于其空气等介质损耗小，采用差动结构并接成电桥式时产生的零残非常小，因此允许电路进行高倍率放大，使仪器具有很高的灵敏度[2]。

2. 缺点

（1）输出阻抗高，负载能力差。

无论何种类型的电容式传感器，受电极板几何尺寸的限制，其电容量都很小，一般为几十到几百皮法（pF），因此使电容式传感器的输出阻抗很高，可达 $10^6 \sim 10^8~\Omega$。由于输出阻抗很高，因而输出功率小，负载能力差，易受外界干扰影响而产生不稳定现象，严重时甚至无法工作。

（2）寄生电容影响大。

电容式传感器的初始电容量很小，而连接传感器和电子线路的引线电缆电容、电子线路的杂散电容以及电容极板与周围导体构成的电容等寄生电容却较大。寄生电容的存在不但降低了测量灵敏度，而且引起非线性输出。由于寄生电容是随机变化的，因而使传感器处于不稳定的工作状态，影响测量准确度[3]。

3. 应用示例

电容式传感器具有结构简单、耐高温、耐辐射、分辨率高、动态响应特性好等优点，广泛用于压力、位移、加速度、厚度、振动、液位等测量中，如图 4 - 8 所示。但在使用中要注意以下几个方面对测量结果的影响：①减小环境温度、湿度变化（可能引起某些介质的介电常数或极板的几何尺寸、相对位置发生变化）；②减小边缘效应；③减少寄生电容；④使用屏蔽电极并接地（对敏感电极的电场起保护作用，与外电场隔离）；⑤注意漏电阻、激励频率和极板支架材料的绝缘性[4]。

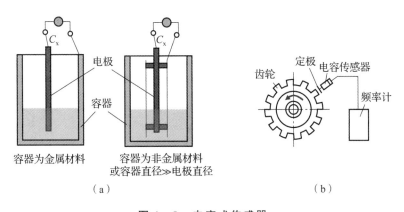

图 4 - 8　电容式传感器

（a）液位计；（b）电容式转速仪

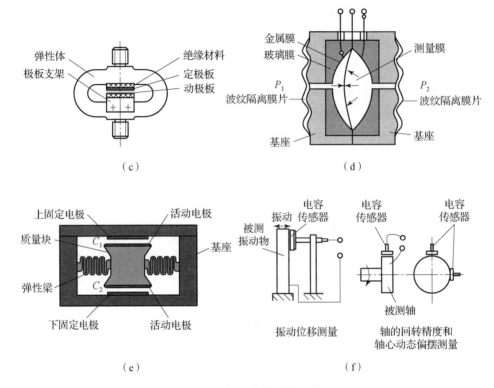

图 4 – 8　电容式传感器（续）

（c）电容式重力传感器；（d）电容式差压传感器；

（e）电容式加速度传感器；（f）电容式振动传感器

4.5　小结

（1）电容式传感器是一类将被测非电量转换为电容变化的传感器，根据工作原理可以分为变面积型、变极距型、变介电常数型三种类型。

（2）变面积型、变极距型以及介质位移型电容式传感器的基本测量类型是位移（厚度、液位），属于结构型传感器。

（3）变介电常数型电容式传感器的基本测量类型包括湿度等，属于物性型传感器。

（4）电容式传感器需要通过合适的测量电路将电容的变化转换为可直接电测的电压等电量信号。常用的测量电路包括电桥电路、调频电路、运算放大器电路等。

习题

1．电容传感器有哪些基本类型？

2．电容传感器的测量电路有哪些？

3．分别画出电容式转速传感器、力传感器、加速度传感器的基本结构示意图，简要说明其工作原理。

第5章
电感式传感器

电感式传感器（图5-1）根据电磁感应定律，将被测非电量转换为线圈自感或互感系数的变化，来实现非电量电测。它具有结构简单、工作可靠、测量精度高、零点稳定、输出功率大、输出阻抗小、抗干扰能力强等一系列优点，因此在机电控制系统中得到广泛的应用。它的主要缺点是响应较慢，不宜快速动态测量，而且传感器的分辨率、灵敏度、线性度和测量范围相互制约，若测量范围大，则分辨率、灵敏度和线性度均较低，反之则高[5]。

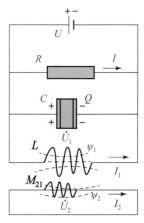

图5-1 电感式传感器

5.1 自感式传感器

1. 工作原理

图5-2所示为自感式传感器结构示意图。根据式（2.7），线圈自感 L 与磁路的磁阻成反比。而图5-2中磁路（虚线所示）由铁芯、气隙、衔铁三部分组成。对于一般铁芯和衔铁材料（硅钢片或坡莫合金），其相对磁导率往往是空气的500～1 000倍，所以铁芯和衔铁部分的磁阻可以忽略，整个磁路的磁阻由两段气隙组成。设气隙的厚度（铁芯与衔铁间距离）为 l，气隙的有效面积（铁芯与衔铁间的重叠面积）为 S，则线圈的自感

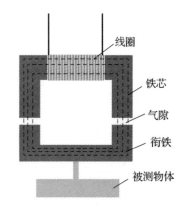

图5-2 自感式传感器结构示意图

$$L = \frac{N^2 \mu S}{2l} \tag{5.1}$$

式中，数字"2"表示两段气隙。根据式（5.1），自感式传感器可分为变气隙面积型、变气隙厚度型、变磁导率型以及变匝数型，如图 5-3 所示，但后两者很少出现。另外还有螺管型［图 5-3（d）］以及为提高灵敏度和线性度而采用的差动式［图 5-3（c）］。因自感式传感器一般是通过改变磁路磁阻而改变自感系数 L 的，所以又称为变磁阻式传感器。

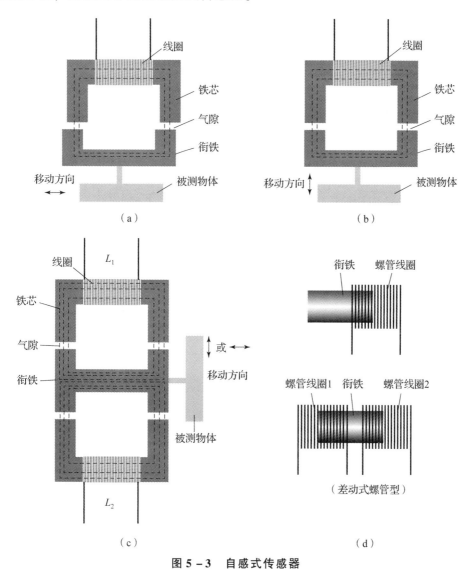

图 5-3　自感式传感器

（a）变气隙面积型；（b）变气隙厚度型；（c）差动式；（d）螺管型

可以证明，对于变气隙厚度型自感式传感器，在气隙厚度的相对变化值 $\frac{\Delta l}{l_0} \ll 1$

的情况下，线圈电感的相对变化值（$\Delta L/L_0$）与气隙厚度的变化存在如下数学关系：

$$\frac{\Delta L}{L_0} = -\frac{\Delta l}{l_0} \tag{5.2}$$

变气隙厚度型自感式传感器的测量范围与线性度是相反的，通常取 $l_0 = 0.1 \sim 0.5\ \mathrm{mm}$，$\Delta l = (1/10 \sim 1/5) l_0$。该传感器用于测微小位移是比较精确的。

同样，对于变气隙面积型自感式传感器，在仅改变气隙有效面积的情况下，线圈电感的相对变化值（$\Delta L/L_0$）与气隙有效面积的相对变化（$\Delta S/S_0$）存在如下数学关系：

$$\frac{\Delta L}{L_0} = \frac{\Delta S}{S_0} \tag{5.3}$$

式（5.3）的推导不需要条件 $\Delta S/S_0 \ll 1$，可见，该传感器输出呈线性（忽略气隙磁通边缘效应），因此可得到较大的线性范围。但与变气隙厚度型相比，其灵敏度较低。

2. 测量电路

自感 L 需要采用合适的测量电路转换为电压、电流等电量之后，才可实现直接的电测。自感的测量电路如图 5 - 4 所示。

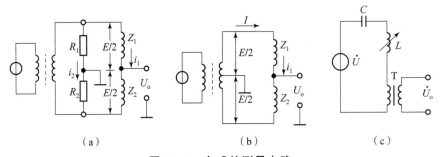

图 5 - 4　自感的测量电路

（a）交流电桥式；（b）变压器式交流电桥；（c）谐振电路

交流电桥式测量电路中，差动形式的两个测量线圈接成电桥的两个工作臂，其复阻抗分别是 Z_1、Z_2，另外两个桥臂采用两个平衡电阻 R_1、R_2。

设测量前

$$Z_1 = Z_2 = Z = R_0 + \mathrm{j}\omega L_0$$

$$R_1 = R_2 = R$$

测量时，衔铁偏离中心产生位移 Δl。此时，设

$$Z_1 = Z + \Delta Z$$

$$Z_2 = Z - \Delta Z$$

并假设线圈具有高 Q 值（感抗远远大于电阻），则

$$\dot{U}_o = \frac{Z_1 \dot{U}_i}{Z_1 + Z_2} - \frac{\dot{U}_i}{2}$$

$$= \frac{Z_1 - Z_2}{Z_1 + Z_2} \cdot \frac{\dot{U}_i}{2}$$

$$= \frac{\dot{U}_i}{2} \cdot \frac{\Delta Z}{Z}$$

$$= \frac{\dot{U}_i}{2} \cdot \frac{j\omega}{R_0 + j\omega L_0} \Delta L$$

若线圈的 R_0 很小
$$\approx \frac{\dot{U}_i}{2} \cdot \frac{\Delta L}{L_0} \tag{5.4}$$

对于变压器式交流电桥，可依此得到同样结论。注意当衔铁向上和向下移动同样的距离时，产生的输出电压大小相等，但极性相反。此时要判定衔铁位移的方向，需要相敏检波电路的处理。谐振电路可参照式（4.9）、式（4.10），得

$$\frac{\Delta f}{f} = -\frac{1}{2} \frac{\Delta L}{L} \tag{5.5}$$

自感式传感器具有很高的灵敏度，因此对待测信号的放大倍数要求低。但是受气隙宽度 δ 的影响，该类传感器的测量范围很小。

5.2　互感式传感器

互感式传感器的工作原理是利用电磁感应中的互感现象（即变压器原理），将被测位移量转换成线圈互感的变化，最终输出电压信号，所以属于电量型传感器。常见的互感式传感器设计是采用两个次级线圈组成差动式，称为差动变压器式传感器，如图 5-5 所示。变压器式传感器与变压器不同的是：变压器是闭合磁路，初级与次级线圈之间的互感为常数。而变压器式传感器为开磁路，并且初、次级线圈间的互感随衔铁移动而变，且有两个次级绕组，两个次级绕组按差动方式工作。

差动变压器有螺管型、变面积型和变间隙型等多种结构形式，其中应用最多的是螺管型差动变压器，它可以测量 $1 \sim 100$ mm 的机械位移，并具有测量精度高、灵敏度高、结构简单、性能可靠等优点。

螺管型差动变压器基本结构如图 5-5（a）、（b）所示，它由一个初级线圈、两个次级线圈和插入线圈中央的圆柱铁芯（衔铁）等组成。其中两个次级线圈对称地分布在初级线圈两侧，并反向串联。当初级绕组加上激励电压 $\dot{U}_i$ 时，

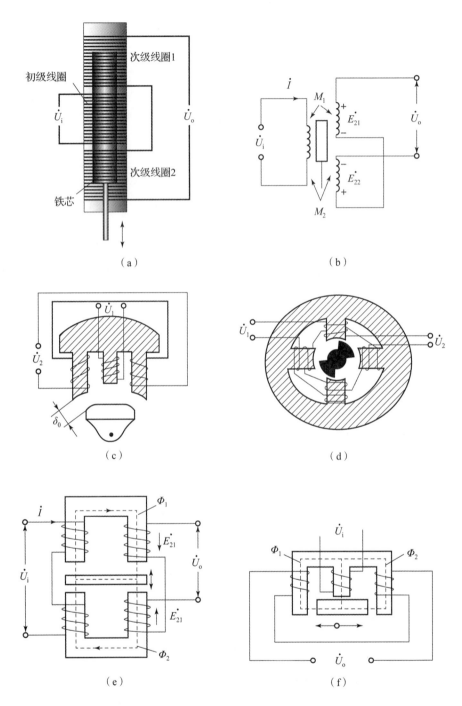

图 5 - 5 差动变压器的各种形式

（a）螺管型差动变压器基本结构；（b）螺管型差动变压器的电路；

（c）、（d）变面积型差动变压器；（e）、（f）变间隙型差动变压器

根据变压器的工作原理，在两个次级绕组中便会产生反向的感应电势 $\dot{E}_{21}$ 和 $\dot{E}_{22}$。测试传感器的输出电压为

$$\dot{U}_o = \dot{E}_{21} - \dot{E}_{22} = j\omega(M_1 - M_2)\dot{I} \tag{5.6}$$

当铁芯处于初始平衡位置时，由于差动变压器的结构完全对称，此时初级线圈与两个次级线圈之间的两个互感系数 $M_1 = M_2$，根据电磁感应原理，$\dot{E}_{21}$ 和 $\dot{E}_{22}$ 的绝对值相等，此时根据式（5.6）可知，传感器输出电压为 0。

若铁芯向上移动，由于磁阻变化，上面的次级线圈 1 与初级线圈的互感 M_1 增加，而下面的次级线圈 2 与初级线圈的互感 M_2 减小。在一定范围内，$\Delta M_1 = \Delta M_2 = \Delta M$，则两个互感的差值 $M_1 - M_2 = 2\Delta M$，于是有

$$\dot{U}_o = j\omega(M_1 - M_2)\dot{I} = 2j\omega\Delta M\dot{I} \tag{5.7}$$

由于在一定的范围内，互感的变化 ΔM 与位移 x 成正比，所以输出电压 $\dot{U}_o$ 的变化与位移的变化成正比。另外，衔铁移动方向的判别可利用相敏检波电路。

5.3　涡流式传感器

如图 5 - 6 所示，当线圈中通有交变电流 I_1 时，线圈周围产生一个交变磁场 H_1。放在这一磁场中的金属导体会因交变磁场 H_1 感应的涡旋电场产生旋涡状的电流 I_2，称为涡流，这种现象称为涡流效应。涡流 I_2 也将产生一个新磁场 H_2。两个磁场方向相反，原磁场被部分抵消，线圈的磁通（链）减小，使通电线圈的有效自感 L 减小（线圈自感 L 等于磁通链/电流）。

线圈一定的情况下，涡流产生的反抗磁场 H_2 的大小与涡流强度 I_2 有关。而涡流 I_2 的大小与导体到线圈距离 l、导体的电导率和磁导率、激励电流 I_2 的频率等因素有关，这些因素最终影响到线圈自感 L。从传感器的设计角度上讲，这些影响因素都能够成为传感器的基本被测量。

涡流式传感器有高频反射式与低频透射式两种类型。高频反射式结构很简单，主要由一个固定在框架上的扁平线圈组成，它主要用来探测被测导体到线圈的距离（位移）。如图 5 - 6（c）、（d）所示，高频反射式涡流式传感器检测探头端部装有高度密封的发射高频信号的线圈。由于被测物体的端部（如转动机器的轴）距离线圈很近，仅有几毫米，线圈通电后产生一个高频磁场，轴的表面在磁场的作用下产生涡流。涡流的大小，以及产生的反抗磁场最终在线圈中的强度，与轴端面到线圈的距离 l 有关，即线圈的自感 L 与此距离 l 关。所以高频反射式涡流传感器属于自感式传感器。之所以要采用高频电源，是为了充

分有效地利用电涡流效应。这种情况下，金属导体或者说涡流的作用，相当于把线圈产生的磁场完全反射回去，所以叫作高频反射式涡流传感器。

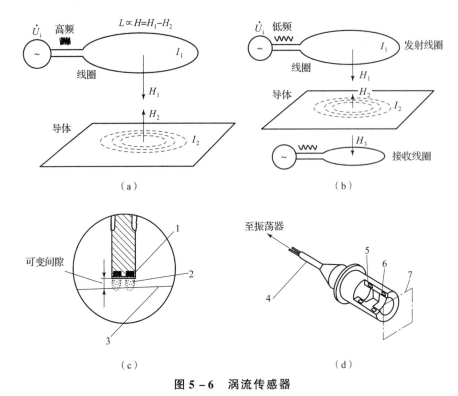

图 5－6　涡流传感器

（a）高频反射式；（b）低频透射式；（c）涡流探头；（d）涡流探头结构

1—线圈；2—磁场；3—靶；4—绝缘电缆；5—参考线圈；6—检测线圈；7—靶子

如图 5－6（b）所示，若线圈中的电流频率比较低，被测导体的厚度比较薄，则涡流强度比较低，反抗磁场比较弱，部分磁场会穿透被测导体，形成漏磁场。如果在漏磁场中放一个线圈，线圈中则会感应出电动势。漏磁场的强弱及其感生电动势的大小，与被测导体的厚度有关，由此可以设计厚度传感器，这就是低频透射式涡流传感器的工作原理。低频透射式涡流传感器基本结构由发射线圈（初级线圈）和接收线圈（次级线圈）构成，如图 5－6（b）所示，从工作原理上讲，它属于互感式传感器。

高频反射式涡流传感器可以与差动变压器式传感器组合设计在一起，称为差动变压器式涡流传感器。如图 5－7（a）所示，差动变压器式涡流传感器中，两个次级线圈分布在初级线圈的一侧（同样也要反向串联），没有铁芯（可动的衔铁），被测物体在外侧的次级线圈一侧。其基本工作原理是，初级线圈通以高频电流，产生的磁场穿过紧邻的两个次级线圈。如果没有导体［图 5－7（b）］，两个次级线圈中磁通的差异比较小，即互感差异较小，两个次级线圈反向串联

后的输出电压 $\dot{U}_o$ 较小。如果有导体［图 5 - 7（c）］，导体涡流产生反抗磁场，与原磁场合并后的磁场的磁力线不穿过导体，而是平行于导体表面，相当于将初级线圈产生的磁力线散开，此时两个次级线圈的互感都减小，但靠近初级线圈的次级线圈 1 的互感比次级线圈 2 减小得更多，因此两次级线圈的互感差异增加，最终输出电压 $\dot{U}_o$ 增加；导体越靠近传感器，磁力线越发散，两次级线圈的互感差异越大，输出电压 $\dot{U}_o$ 越大。测得输出电压 $\dot{U}_o$ 大小，就可测得导体的位移。

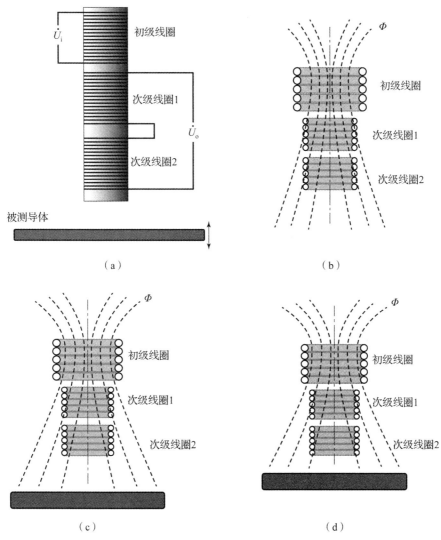

图 5 - 7　差动变压器式涡流传感器

（a）基本结构；（b）无金属导体时的磁力线分布；

（c）有金属导体时的磁力线分布；（d）金属导体靠近传感器时的磁力线分布

5.4 应用

自感式与互感式传感器的基本输入类型是位移（位置）传感器，加上合适的敏感元件，也可以设计成其他输入类型的传感器，如图5-8所示。

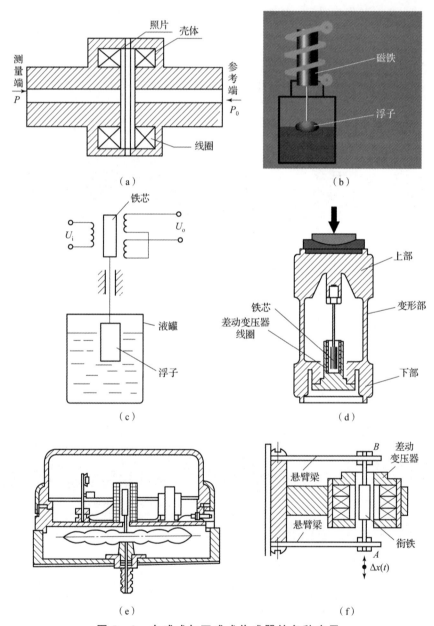

图5-8 自感式与互感式传感器的各种应用

（a）变气隙差动式自感压力传感器；（b）自感式液位传感器；（c）差动变压器式液位传感器；

（d）差动变压器式力传感器；（e）差动变压器式压力传感器；（f）差动变压器式加速度传感器

　　高频反射式涡流传感器主要用于测量被测体（必须是金属导体）与探头端面之间静态和动态的相对位移变化，其特点是长期工作可靠性好、灵敏度高、抗干扰能力强、非接触测量、响应速度快、不受油水等介质的影响，常被用于长期实时监测大型旋转机械的轴位移、轴振动、轴转速等，如图 5 - 9 所示。此外，还可用于金属件的无损探伤，因为金属内部的裂纹、气泡等缺陷使得金属涡流路径的电阻增加，涡流减小，反抗磁场减少，从而使得线圈自感增加。

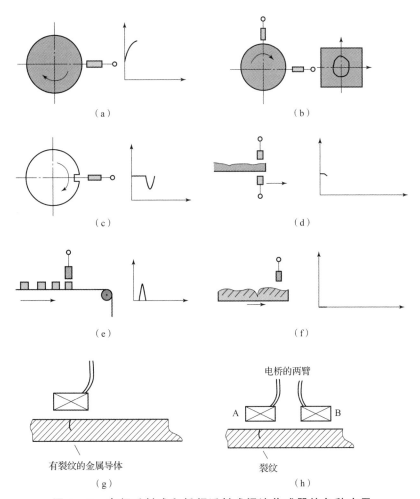

图 5 - 9　高频反射式和低频透射式涡流传感器的各种应用

（a）涡流式传感器测径向振摆；（b）涡流式传感器测轴心轨迹；（c）涡流式传感器测转速；

（d）涡流式传感器测厚度；（e）涡流式传感器零件计数；（f）涡流式传感器测表面裂纹；

（g）有裂纹时线圈自感增加；（h）有裂纹时电桥失去平衡（有电压输出电桥的两臂）

　　差动变压器式涡流传感器除了如前所述的形式，还有图 5 - 10 所示的形式。这种传感器可以探测容器内部的厚薄不均、沟槽、材质变化、接缝等情况，也可以进行金属的无损探伤。

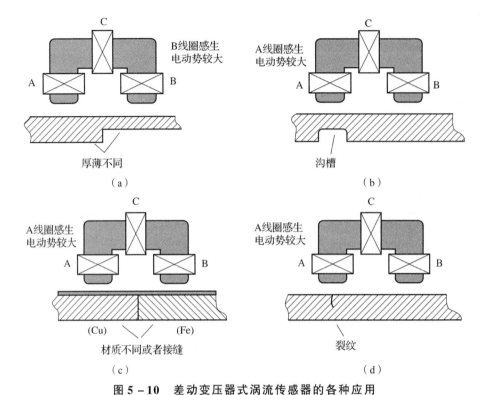

图 5-10 差动变压器式涡流传感器的各种应用

（a）探测厚薄不均；（b）探测沟槽；（c）探测材质变化；（d）探测裂纹

5.5 小结

电感式传感器是一类根据电磁感应定律，将被测量非电量转换为线圈自感或互感系数的变化的传感器，主要感知位移量的变化，加上相应的转换元件，也可测量其他物理量。它包括自感式、差动变压器式、涡流式、差动变压器涡流式等。其中差动变压器式传感器、低频透射涡流式传感器、差动变压器涡流式传感器属于电量型传感器，能将被测非电量直接转换为电压信号。

习题

1. 什么是自感式传感器？什么是互感式传感器？哪种属于电量型传感器，哪种属于电参量型传感器？

2. 如果要设计差动变压器式压力传感器和涡流式加速度传感器，请问应如何设计，画出设计简图，简要说明工作原理。

第6章

磁电式传感器

磁电式传感器（图6-1）的工作原理是被测量使得电荷在磁场相对运动（或变化）而感应出电动势，即电磁感应原理。它是一种机-电能量变换型传感器，不需要供电电源，是一种典型的无源传感器，因而电路简单，性能稳定，输出阻抗小，应用普遍。

带电量为 q 的电荷在磁场感应强度为 $\boldsymbol{B}$ 的磁场中以速度 v 运动时，将受到洛伦兹力 $\boldsymbol{F}_\mathrm{m}$ 的作用，它们的关系是

$$\boldsymbol{F}_\mathrm{m} = q v \times \boldsymbol{B} \qquad (6.1)$$

同一物质中正负电荷所受洛伦兹力的方向相反，因而发生不同性质的电荷在不同位置的偏聚

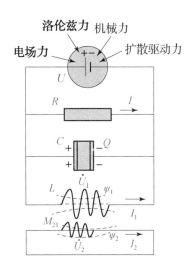

图6-1 磁电式传感器

而产生电位差，这种情况下的感应电动势称为动生电动势。电磁感应原理中另外一种情况是，电荷不动时，若磁场强度变化，此时驱动电荷偏聚的力是磁场变化激发的涡旋电场力，这种情况下的感应电动势称为感生电动势。传感器在工作时，只要被测量使得导体中自由电荷与磁场之间相对运动，或者使得磁场强度变化，而引起电荷偏聚产生电压，这样的传感器统称为磁电式传感器。因此，本章介绍的磁电式传感器包括磁电感应式传感器、霍尔式传感器和电磁流量计。

6.1 磁电感应式传感器

磁电感应式传感器的基本工作原理是法拉第电磁感应定律。这条定律包括两条：

（1）导体做切割磁力线运动会产生电动势，称为动生电动势，如图 6-2（a）所示，其非静电力是电荷在磁场中运动受到的洛伦兹力 F_m。数学表达为

$$\varepsilon_i = -Blv \tag{6.2}$$

式中，ε_i、B、v、l 分别是动生电动势、磁感应强度、导体运动速度在垂直于 B 方向的分量、导体在磁场中的有效长度。

（2）导体回路中磁通量发生变化时会产生电动势，称为感生电动势，如图 6-2（b）所示，其非静电力是磁通变化感生的涡旋电场力 F_E。数学表达为

$$\varepsilon_m = -\frac{\mathrm{d}\Phi}{\mathrm{d}t} \tag{6.3}$$

式中，ε_m、$\mathrm{d}\Phi$、$\mathrm{d}t$ 分别是感生电动势、导体回路中磁通量的变化、时间的变化。

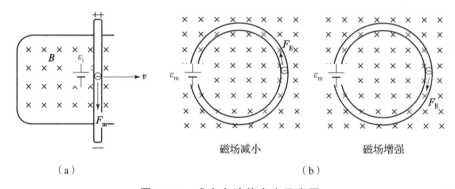

（a）　　　　　　　　　　　　　　　　（b）

图 6-2　感应电动势产生示意图

（a）动生电动势示意图；（b）感生电动势示意图

磁电感应式传感器的基本部件包括提供磁场的永磁铁、用于感应磁场相对运动或变化的线圈、传导磁力线的铁芯（用软磁材料制造）。根据运动部件的类型，该传感器可以分为三大类：动圈式、动铁式、动衔铁式，它们的运动部件分别是线圈、磁铁、铁芯（可动的铁芯称为衔铁），如图 6-3 所示。

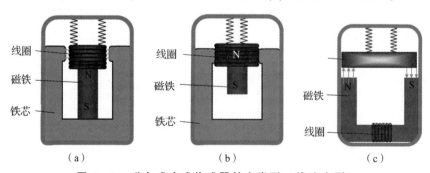

（a）　　　　　　　　　（b）　　　　　　　　　（c）

图 6-3　磁电感应式传感器基本类型（线速度型）

（a）动圈式；（b）动铁式；（c）动衔铁式

图 6 - 3 （a）、（b）中，无论是线圈还是磁铁作运动部件，都能使线圈切割磁力线而在洛伦兹力的作用下产生动生电动势。因为工作时磁通不发生变化，所以两种传感器又称为恒磁通式。而在图 6 - 3 （c）中，衔铁的运动使得磁路中气隙间隙发生变化，磁阻改变，导致线圈中磁通发生变化，从而在线圈中产生感生电动势，这种传感器又称为变磁通式。

磁电感应式传感器中的运动部件在工作时，可以有两种运动形式，一种是沿直线运动，另一种是旋转运动。前者称为线速度型磁电感应式传感器，如图 6 - 3 所示；后者称为角速度型磁电感应式传感器，如图 6 - 4 所示。三种部件都可以运动，每种部件有两种运动形式，所以一共可以组合出六种类型的传感器。注意图 6 - 4 中，动圈式角速度型传感器属于恒磁通式，线圈旋转时，切割磁力线而产生动生电动势；而动铁式和动衔铁式角速度型属于变磁通式，磁铁或者衔铁旋转时，改变磁力线的磁阻而改变线圈中的磁通量，从而产生感生电动势。

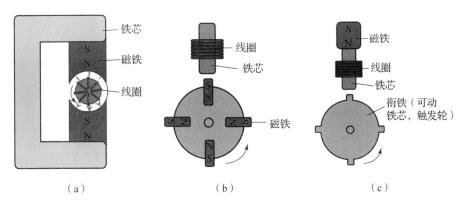

（a）　　　　　　　　（b）　　　　　　　　（c）

图 6 - 4　磁电感应式传感器基本类型 （角速度型）

（a）动圈式；（b）动铁式；（c）动衔铁式

根据式（6.2）可知，线速度型传感器测量的基本量是速度，如果采用积分电路可以测量位移，采用微分电路可以测量加速度。其中恒磁通式传感器最常用作振动传感器，用以检测系统的振动情况，它可以直接安装在振动体上进行测量，广泛用于地面振动测量以及机载振动监视系统。但这种传感器的尺寸和质量都比较大。对于振动传感器，需要注意它的频响范围，不同结构的磁电式振动传感器有不同的频率响应特性，但频响范围一般在几十赫兹到几百赫兹之间。角速度型（转速）传感器一般采用变磁通式（除动圈式），线圈感生电动势的频率作为输出，该频率与被测转速有直接的对应关系。

6.2　霍尔式传感器

1879 年，美国物理学家霍尔（E. H. Hall, 1855—1938）发现，如果在金属薄片相对的两个侧面通以控制电流 I，同时在与薄片垂直方向施加磁感应强度为 B 的磁场，那么在垂直于电流和磁场方向的另外两个侧面将产生与控制电流和磁场成正比的电动势，称为霍尔电势，记为 U_H。其决定式为

$$U_H = \frac{\rho\mu IB}{d} = \frac{R_H IB}{d} \tag{6.4}$$

式中，ρ 为金属材料的电阻率；μ 为材料中载流子的迁移率；d 为薄片的厚度；R_H 为霍尔系数。后来发现半导体、导电流体等也有这种效应，而半导体的霍尔效应比金属强得多。利用这现象制成的各种霍尔元件，广泛应用于工业自动化技术、检测技术及信息处理等方面。霍尔效应是研究半导体材料性能的基本方法，如图 6 - 5 所示。通过霍尔效应实验测定的霍尔系数，能够判断半导体材料的导电类型、载流子浓度及载流子迁移率等重要参数。

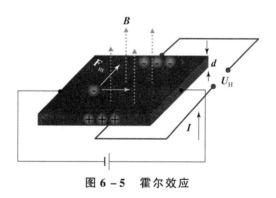

图 6 - 5　霍尔效应

产生霍尔效应的原因与前面所述的磁感应传感器基本相同，自由电荷在磁场中流动时会受到洛伦兹力的作用而偏聚在与电流方向垂直的一侧，相应的另外一侧会偏聚等量的异号电荷，由此在霍尔片中形成与电流方向和磁场方向垂直的电场，该电场为随后流过来的自由电荷施加电场力，方向与洛伦兹力相反。开始时，霍尔片中电荷的偏聚程度较低，电场力较弱。随着自由电荷的不断偏聚，随后流过来的自由电荷所受电场力越来越大，直到与洛伦兹力达到平衡。此时，自由电荷不再继续偏聚，而最终在霍尔片两侧形成稳定的电势差，即霍尔电势或霍尔电压。

由式（6.4）可知，利用霍尔效应制作的霍尔式传感器，其测量的基本量是磁感应强度 B，它的灵敏度与电阻率 ρ 和载流子迁移率 μ 成正比。因此，为了获

得较大的灵敏度，霍尔传感器的敏感元件材料——霍尔片一般选用 N 型半导体（金属电阻率太小；P 型半导体的载流子为空穴，其迁移率比自由电子低），如 N 型硅、N 型锗（Ge）、锑化铟（InSb）、砷化铟（InAs）、砷化镓（GaAs）等。其中用锑化铟半导体制成的霍尔元件灵敏度最高，但受温度的影响较大。用锗半导体制成的霍尔元件，虽然灵敏度较低，但它的温度特性及线性度较好。目前使用锑化铟霍尔元件的场合较多。同时，霍尔片一般做得很薄，同样也是为了获得较高的灵敏度。

如果要让霍尔传感器用于其他物理量的测量，则需要用机械的方法改变磁感应强度 B。如图 6 - 6 所示，利用两块永磁铁在它们之间沿某个方向形成磁感应强度均匀梯度变化的磁场空间。如果被测物体与霍尔片连接，霍尔片随着被测物体沿着这个方向移动到不同位置，其中穿过的磁场强度不同，根据式（6.4）可知，传感器输出的霍尔电压随之发生相应的变化。因此测得霍尔电压大小，就可测得被测物体的位移量。

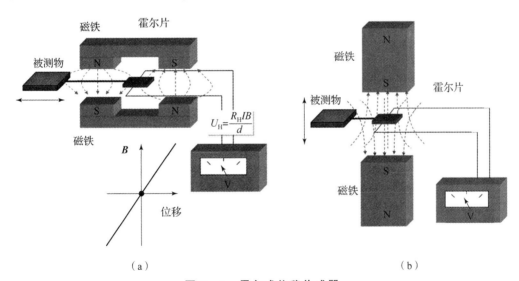

图 6 - 6　霍尔式位移传感器

图 6 - 7 所示为霍尔式转速传感器。如图 6 - 7（a）、（b）所示，被测物体的转动将带动磁体的转动，使通过霍尔元件的磁场的磁感应强度 B 发生周期性变化；如图 6 - 7（c）所示，磁性材料制作的叶轮随被测物体的转动，将使磁阻发生周期性变化，使得通过霍尔元件的磁场的磁感应强度 B 发生相应的周期变化。磁感应强度 B 的周期性变化将使得霍尔元件输出的霍尔电压产生相应的周期性变化。测出霍尔电压的变化频率，就可以测得被测物体的转动速度。如图 6 - 7（a）所示，磁体与转动体固定，并按照其磁力线沿着转轴轴向的方式安放，称为轴向磁极

式；如图 6 - 7 （b） 所示，磁体与转动体固定，并按照其磁力线沿着转轴径向的方式安放，称为径向磁极式；传感器工作时，前两种方式中，磁体随转动体转动，霍尔片固定，当磁体转至霍尔元件附近，将输出一个霍尔电压脉冲。如图 6 - 7 （c） 所示，磁体并不与转动体固定，它与霍尔元件被叶轮分隔，这种设计方式称为折断式。对于折断式，当高磁导率的磁性材料制作的叶片转动到磁体和霍尔元件附近，此时磁阻最小，通过霍尔片的磁场的磁感应强度最大，霍尔片将输出一个霍尔电压脉冲。显然，单位时间霍尔电压脉冲的数目与转速成正比，据此可对转动物体实施转数、转速、角度、角速度等物理量的检测。

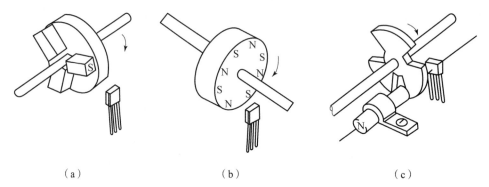

（a）　　　　　　　　（b）　　　　　　　　（c）

图 6 - 7　霍尔式转速 （角速度） 传感器

（a） 径向磁极式；（b） 轴向磁极式；（c） 折断式

图 6 - 7 所示的霍尔式转速传感器中，如果转轴上固定的转动体采用叶轮形式，并且用流体（气体、液体）去推动叶轮转动，便可构成流速或流量传感器。如果在车轮转轴上装上磁体，在靠近磁体的位置上装上霍尔开关电路，可制成车速表、里程表等。

当图 6 - 7 中的霍尔片换成线圈时，同样也可以用来进行转数、转速、角度、角速度、流速、流量等的测量，相应的传感器可分别称为轴向磁极动铁式磁电感应传感器、径向磁极动铁式磁电感应传感器、折断动衔铁式磁电感应传感器。

霍尔元件在磁场中通电后，在产生霍尔效应的同时，其沿着电流方向的电阻值也随磁场的磁感应强度的变化而发生变化，这种现象称为磁阻效应（或称高斯效应），注意这里 "磁阻" 的意思是 "受磁场影响的电阻"。利用这种效应制作的传感器称为磁阻效应传感器（注意与变磁阻式传感器的区别）。磁阻效应也是由于载流子在磁场中受到洛伦兹力而产生的。在达到稳态后，某一速度的载流子所受到的电场力与洛伦兹力相等，载流子在两端聚集产生霍尔电场，比该速度慢的载流子将向电场力方向偏转，比该速度快的载流子则向洛伦兹力方向偏转。这种偏转导致载流子的漂移路径增加；或者也可看成，在单位时间内沿外加电场方向运动的载流子数减少，从而使电阻增加。

严格来说，任何材料都有霍尔效应和磁阻效应，但适用于制作磁阻效应传感器的材料，一般选用磁阻效应显著、灵敏度较高的磁性材料，如坡莫合金。一般材料的磁致电阻变化率通常小于 5%，称为常磁阻效应。而某些层片状的磁性薄膜结构，比如由铁磁材料和非铁磁材料薄层交替叠合而成的结构，其电阻率在有外磁场作用时较之无外磁场作用时存在巨大变化，称为巨磁阻效应。借助巨磁阻效应，人们能够制造非常灵敏的磁头，能够清晰读出较弱的磁信号并且转换成明显的电流变化，从而引发了硬盘的"大容量、小型化"革命。如今，笔记本电脑、音乐播放器等各类数码电子产品中所装备的硬盘，基本上都应用了巨磁阻效应。巨磁阻效应由法国科学家阿尔贝·费尔和德国科学家彼得·格林贝格尔分别在 1988 年独立发现，因此他们共同获得了 2007 年度诺贝尔物理学奖。

另外注意，磁阻效应传感器属于电参量型传感器，它将被测非电量转换为电阻的变化；而霍尔式传感器属于电量型传感器，将被测非电量转换为电压的变化。磁阻效应传感器已经能制作在硅片上，其灵敏度和线性度已经能满足磁罗盘的要求，各方面的性能明显优于霍尔器件。

6.3　电磁流量计

在前面讨论的霍尔效应中，导体或者半导体中的自由电荷受外电场驱动在磁场中流动时，因受洛伦兹力作用而产生偏聚，最后形成稳定的电动势。而电解质溶液或者熔融金属在磁场中流动时，其中的自由的正负离子同样也会受到洛伦兹力作用而分别在管壁两侧偏聚，最后形成稳定的电动势。电磁流量计就是基于这个原理，根据导电流体通过外加磁场时感生的电动势来测量导电流体流量的一种仪器。

电磁流量计的基本结构如图 6 − 8 所示，包括提供磁场的磁铁、被测液体流经的导管、引出感应电动势的电极及放大电路、显示仪表等部分。可以导出电极之间的感应电动势 ε_i

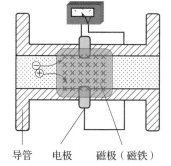

导管　电极　磁极（磁铁）

图 6 − 8　电磁流量计的基本结构

$$\varepsilon_i = BvDK \tag{6.5}$$

式中，B、v、D、K 分别是磁场的磁感应强度、液体流速、管道直径以及相关的系数。于是根据测到的电动势信号 ε_i，依据式（6.5）可以测得流体的流速 v。

按照外加磁场类型的不同，电磁流量计主要有直流式和感应式两种。直流式电磁流量计中的恒定磁场，可用永磁铁产生；如果管径较大，可采用无铁芯激磁绕组通以直流电流来产生一个近似均匀的磁场。在被测流体温度过高或者对电极有腐蚀作用等情况下（如电介质溶液），可采用感应式电磁流量计，它采用匝数相等的两个交流激磁绕组产生交变磁场。

电磁流量计的管道内没有其他部件，所以除了用于测量导电流体的流量外，还可用于测量各种黏度的不导电液体（其中加入易电离物质）的流量。电磁流量计也经常用于核能工业中。

6.4　应用

如前所述，恒磁通式磁电感应式传感器最普通的用途是振动传感器。图 6 - 9（a）所示为动圈式振动速度传感器的结构示意图。其结构主要特点是，圆柱形永久磁铁通过铝支架与外壳刚性连接，线圈通过弹簧片与外壳弹性相连。工作时，传感器与被测物体刚性连接，当物体振动时，传感器外壳和永久磁铁随之振动，而线圈因惯性而不随之振动。因而磁路空隙中的线圈切割磁力线而产生与振动速度成正比的感应电动势。线圈输出感应电动势通过引线输出到测量电路。

在生活中常见的动圈式麦克风也属于这种类型的传感器 [图 6 - 9（b）]，它将声音引起的空气振动，作用于音膜而带动线圈在磁场中振动，产生感应电流，然后经放大变成音频电流。而在扬声器中则是相反的过程。扬声器里有一个线圈，镶嵌在环形磁体的空隙里，当音频电流通过时，就产生一个随电流规律变化的磁场，在环形磁体的共同作用下，线圈带动音膜振动而发出声音。动圈式话筒结构简单，造价较低，使用方便；其缺点是拾音距离很短（100 ~ 200 mm）。

而作为电容式振动传感器的电容式麦克风灵敏度很高，拾音距离远（可达10 m），但对周围环境要求很高。对于环境嘈杂的舞台，则更适用于动圈式麦克风。

变磁通式传感器更多地用于转速传感器，如汽车轮速传感器，如图 6 - 9（c）、（d）所示。它包括磁电感应式和霍尔式两种。对于汽车而言，轮速信息是必不可少的，汽车动态控制系统（VDC）、汽车电子稳定程序（ESP）、防抱死制动系统（ABS）、自动变速器的控制系统等都需要轮速信息。所以轮速传感器是现代汽车中最为关键的传感器之一。一般来说，所有的转速传感器都可以作为轮速传感器，但是考虑到车轮的工作环境以及空间大小等实际因素，主要

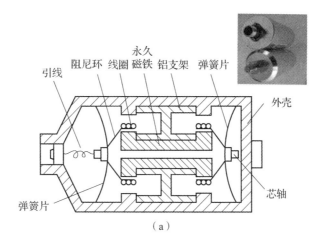

（a）

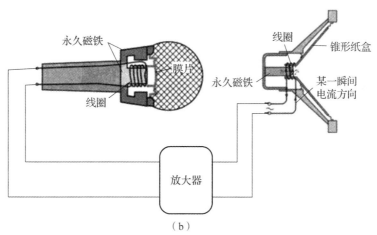

（b）

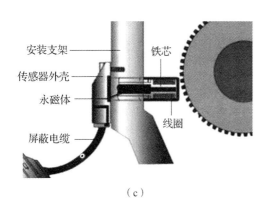

（c）

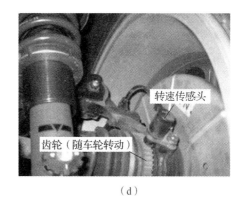

（d）

图 6 - 9　磁电式传感器应用示例

（a）动圈式振动传感器；（b）动圈式麦克风；

（c）磁电感应式轮速传感器；（d）轮速传感器实物照片

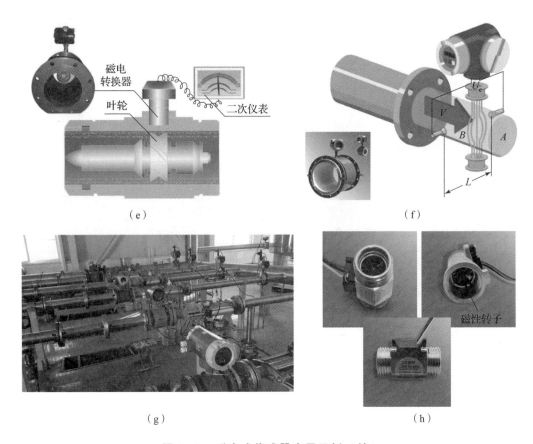

（e）　　　　　　　　　　　　　　　（f）

（g）　　　　　　　　　　　　　　　（h）

图 6 - 9　磁电式传感器应用示例（续）

（e）磁电感应式涡轮流量传感器；（f）电磁流量计；

（g）排污管道的电磁流量计；（h）霍尔流量传感器

使用磁电式轮速传感器和霍尔式轮速传感器，前者的优点是结构简单、成本低、不怕泥污点，但频率响应不高，当车速过高时，传感器的频率响应跟不上，容易产生错误信号；而霍尔式轮速传感器的输出信号电压振幅值不受转速的影响，频率响应高。

磁电感应式涡轮流量传感器常用于流量的测量［图 6 - 9（e）］，此时需要加入涡轮或叶轮作为转换元件，当被测流体流经传感器时，传感器内的叶轮借助于流体的动能而产生旋转，叶轮周期性地改变磁电感应系统中的磁阻值，使通过线圈的磁通量周期性地发生变化而产生电脉冲信号，经放大器放大后进行显示或传送至相应的流量积算仪表、PLC 或计算机，进行流量或总量的测量。磁电感应式流量传感器又称磁电式涡轮流量传感器，它可以对气体和各种液体的流量进行测量。相对于磁电感应式流量传感器，电磁流量计［图 6 - 9（f）、（g）］结构简单，测量稳定性高，内部无阻流件，无压损，但是测量范围相对较窄，只能用于导电液体的测量（非电导液体需要加入易电离物质）。

霍尔式流量传感器主要由磁性转子与霍尔元件等组成，如图 6 - 9（h）所示。当流体流经转子组件时，磁性转子转动，并且转速随着流量呈线性变化，霍尔元件感受周期性变化的磁场，从而输出相应变化频率的霍尔电压信号。测出霍尔电压的变化频率，就可测得流体流速，然后经过积分电路测出流量。

6.5　小结

（1）磁电式传感器的设计利用了电荷在运动磁场或变化磁场中受洛伦兹力或涡旋电场力作用而产生电动势。

（2）磁电式传感器用于动态测量，包括振动、转动和流动信息的测量。

（3）被测物体的振动、转动和流动使得磁场产生相对运动或变化，在线圈中或电极之间感应出电动势，测得电动势的变化就能获得被测信息。

（4）根据电磁感应现象发生的具体对象，磁电式传感器分为磁电感应式、霍尔式和电磁流量计，它们分别利用了线圈中、固体中和液体中的电磁感应现象。

习题

1. 动圈式、动铁式、动衔铁式、磁电感应式以及霍尔式传感器，电磁流量计在工作时产生的电动势分别是哪一种非静电力产生的？

2. 什么是霍尔效应？为什么霍尔元件材料一般不选用金属或 P 型半导体？

3. 请画出霍尔式压力传感器（测气体或液态压力）与霍尔式加速度传感器的结构示意图，简要说明其工作原理。

第 7 章

热电式传感器

温度传感器有很多类型，其中热电式传感器（图 7-1）将温度变化直接转换为电动势、电阻等电学量变化，再通过适当的测量电路达到检测温度的目的。把温度变化转换为电动势的热电式传感器称为热电偶传感器；把温度变化转换为电阻值的热电式传感器称为热电阻传感器。前者适宜较高温度的测量，后者适宜较低温度的测量。

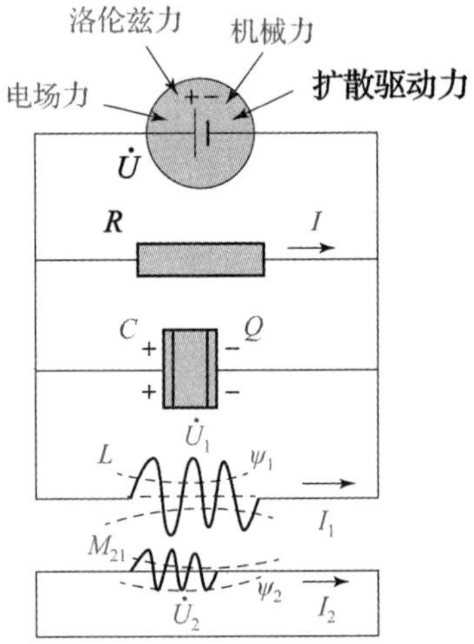

7.1　热电效应与热电偶

图 7-1　热电式传感器

1. 热电效应

本章重点讨论热电偶传感器，它是一种有源传感器。热电偶传感器的工作原理是热电效应。所谓热电效应，是指两个不同导体（或半导体）材料（A 和 B）接成一个闭合回路，如果两个接点的温度不同（分别是 T 和 T_0），则在回路中会出现电流，说明有电动势产生，这种现象称为热电效应，如图 7-2 所示。该电动势称为热电（动）势。热电效应于 1821 年由德国科学家塞贝克（Seebeck）发现，所以又称塞贝克效应。热电势由两种电势组成，一种是接触电势，另外一种是温差电势，两种电势都是由于载流子在不同区域的化学势差异而致。根据热力学第二定律，某种组元在不同区域的化学势差异会引起该组元的扩散，使得组元从化学势高处移动到化学势低处，以降低整个体系的自由能。这种因化学势的空间差异引起组元扩散的力，称为扩散驱动力。

根据式（2.1）可知，材料中的载流子的化学势与温度和浓度有关，温度越高或者浓度越高，化学势越高。如图 7-3 所示，同一温度下，载流子在不同导体或半导体中的浓度不同，因此化学势不同，当两者接触载流子会在扩散驱动力的作用下，从高浓度的材料移动到低浓度的材料，直至浓度相同，此时化学势相同，载流子不再移动。此时接触端两侧的材料会分别出现正电荷和负电荷的偏聚，形成电位差。这样的电动势，也就是由于载流子浓度的空间差异造成化学势空间差异而产生扩散驱动力，然后由扩散驱动力造成电位差的电动势，称为接触电势。两种材料 A 和 B 的接触处在温度 T 时的接触电势，记为 $E_{AB}(T)$，其决定式为

$$E_{AB}(T) = \frac{KT}{e} \ln \frac{N_A(T)}{N_B(T)} = -E_{BA}(T) \tag{7.1}$$

式中，K 是玻耳兹曼常数（1.38×10^{-23} J/K）；e 是电位电荷电量（1.602×10^{-19} C）；$N_A(T)$、$N_B(T)$ 分别是材料 A 和 B 在温度 T 时其中载流子的浓度。式（7.1）说明，接触电势 $E_{AB}(T)$ 的方向与表示符号中 AB 的顺序有关，如果 AB 顺序颠倒，正负要随之改变。可见接触电势的大小取决于两种导体的载流子浓度和接触处的温度，方向取决于两种导体载流子密度的大小对比和载流子电荷性质，如果载流子是负电荷（自由电子），接触电势方向由载流子浓度大的导体指向载流子浓度小的导体。

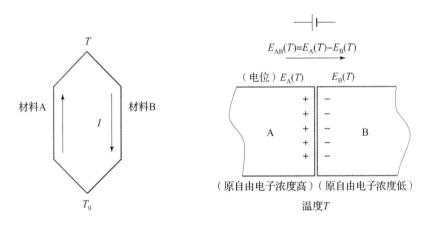

图 7 - 2　热电效应示意图　　图 7 - 3　接触电势示意图

如图 7 - 4 所示，对于同一导体（载流子浓度相同），如果不同区域的温度不同，载流子的化学势也不相同，根据式（2.1），温度高处载流子的化学势高，温度低处载流子化学势低，这种化学势差对载流子产生扩散驱动力，使其从化学势高处（温度高处）扩散至化学势低处（温度低处），于是引起正负电荷在温度不同区域的偏聚，造成电位差。这样的电动势，称为温差电势，某种材料 A 在两个不同温度（T、T_0）处的温差电势，记为 $E_A(T, T_0)$，其决定式为

$$E_A(T, T_0) = \frac{K}{e}\int_{T_0}^{T}\frac{1}{N_{At}}\mathrm{d}(N_{At}t) = -E_A(T_0, T) \qquad (7.2)$$

式中，N_{At} 是材料 A 中的载流子密度，是温度的函数。可见，温差电势的大小只与导体材料（载流子密度）和两端温度有关。

根据上述分析，如图 7-5 所示，热电偶回路中的总热电势 $E_{AB}(T, T_0)$ 为

$$E_{AB}(T, T_0) = E_{AB}(T) + E_B(T, T_0) - E_{AB}(T_0) - E_A(T, T_0) \qquad (7.3)$$

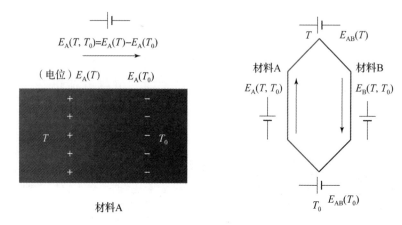

图 7-4　温差电势示意图　　　图 7-5　热电偶回路中的总热电势

在总热电势中，温差电势一般比接触电势小很多，可忽略不计，总热电势主要是接触电势的贡献，则热电偶的热电势可表示为

$$E_{AB}(T, T_0) = E_{AB}(T) - E_{AB}(T_0) \qquad (7.4)$$

对于已选定的热电偶，当参考端温度 T_0 恒定时，总热电势只与温度 T 成单值函数关系。只要测出热电势 $E_{AB}(T, T_0)$ 的大小，就能得到被测温度 T，这就是热电偶测温原理。实际应用中，热电势与温度之间的关系是通过热电偶分度表来确定的。分度表是在参考端温度为 0 ℃的条件下，通过实验建立的热电势与工作端温度之间的数值对应关系。

很多物理效应都有其逆效应，比如奥斯特效应与法拉第电磁感应、压电效应与逆压电效应。热电效应也有其逆效应。热电效应是两个不同导体或半导体形成回路，因两个接点温度不同而在回路产生电流，说明有电势，即热电势；其逆效应就是，如果热电偶的两个接点的温度开始时相同，然后加上电源让回路中有电流，则两个接点中其中一个接点的温度会升高，另一个接点的温度会降低，则两个接点之间出现温度差异。这就是热电效应的逆效应——珀尔帖效应（Peltier Effect）。

珀尔帖效应是载流子在外加电场力驱动下通过热电偶回路的接头时，因接触

电势差的存在使其电势能增加或减小而产生温度变化。如图 7－6 所示，对于金属与金属的接触（金－金结），如果电子通过接头其电势能要增加（对电子来说，从电位高处到电位低处），则需要吸收能量才能"跃上"这个能量台阶，这个能量只能来源于晶格振动能的吸收，导致这个接头出现吸热现象，温度下降。如果电子通过接头其电势能要降低，则直接"跃下"这个台阶，多余的能量转变为晶格的振动能，表现为这个接头的放热现象，温度升高。

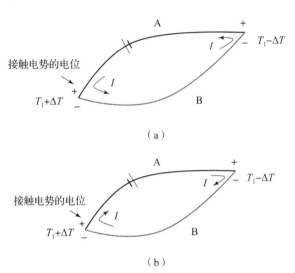

图 7－6　金属－金属接触（金－金结）的珀尔帖效应

（a）自由电子浓度 $N_A > N_B$；（b）自由电子浓度 $N_A < N_B$

对于金属与半导体的接触（金－半结），情况有所不同。金－半结分四种情况，分别讨论如下：

（1）金属与费米能级较低的 N 型半导体接触 [图 7－7（a）、（b）]，此时电子从半导体扩散至金属，使得半导体的电位升高，金属的电位下降。当外接电源使得电子从金属流向 N 型半导体时，在接触处，电子电势能升高，这需要吸收接触处材料的热能，结果接触处温度下降；同时，这是一个电子从金属的费米能级跃迁到 N 型半导体的导带底的过程，是一个向上跃迁的过程 [图 7－7（b）]，这同样需要吸收接触处材料的热能，使其温度下降。反之，如果外接电源使得电子从半导体流向金属，则是一个放热升温的过程。

（2）金属与费米能级较高的 N 型半导体接触 [图 7－7（c）、（d）]，此时电子从半导体扩散至金属，使得半导体的电位升高，金属的电位降低。当外接电源使得电子从金属流向 N 型半导体时，在接触处，电子电势能降低，多余的能量以热能的形式释放，使得接触处温度升高；同时，这是一个电子从金属的费米能级向上跃迁到 N 型半导体的导带底的过程 [图 7－7（d）]，需要吸收接触处材料的热能，使其温度下降。注意，此过程中电子在金属费米能级和半导体导带底之间能级跃迁的能量变化，一般要远远超过电势能的变化，所以，总的来看，这是一个吸热过程。反之，如果外接电源使得电子从半导体流向金属，则是一个放热升温的过程。

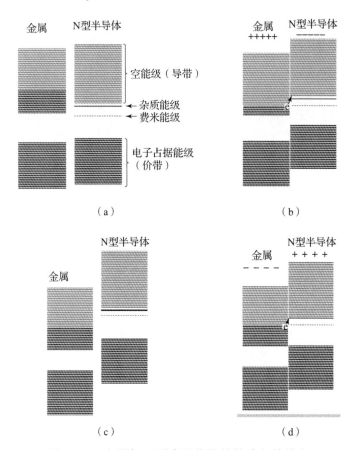

图 7-7 金属与 N 型半导体接触的珀尔帖效应

（a）金属与费米能级较低的 N 型半导体接触前的能级结构；

（b）金属与费米能级较低的 N 型半导体接触后的能级结构；

（c）金属与费米能级较高的 N 型半导体接触前的能级结构；

（d）金属与费米能级较高的 N 型半导体接触后的能级结构

（3）金属与费米能级较低的 P 型半导体接触 ［图 7-8（a）、（b）］，此时电子从金属扩散至半导体，使得半导体的电位降低，金属的电位升高。当外接电源使得电子从半导体流向金属时，在接触处电子因电势能下降而放热，使得接触处温度增加；同时，这是一个电子从 P 型半导体的价带顶向上跃迁到金属费米能级的过程 ［图 7-8（b）］，显然这是一个吸热过程。同样，在此过程中，电子在金属费米能级和半导体导带底之间能级跃迁的能量变化，一般要远远超过电势能的变化，所以，总的来看这是一个吸热过程。反之，如果外接电源使得电子从半导体流向金属，则是一个放热升温的过程。

（4）金属与费米能级较高的 P 型半导体接触［图 7 - 8（c）、(d)］，此时电子从半导体至金属，使得半导体的电位升高，金属的电位降低。当外接电源使得电子从 P 型半导体流向金属时，在接触处电子因其电势能升高使得接触处温度降低；同时，这也是一个电子从 P 型半导体的价带顶向上跃迁到金属费米能级的过程［图 7 - 8（d）］，该过程是一个吸热过程。反之，如果外接电源使得电子从金属流向 P 型半导体，则是一个放热过程。

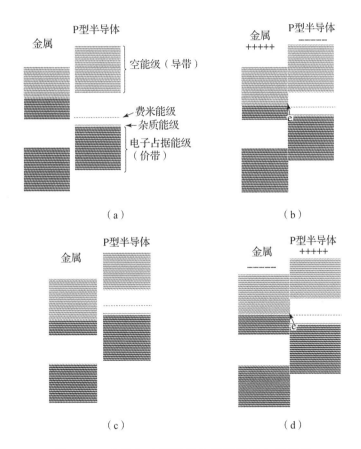

图 7 - 8　金属与 P 型半导体接触的珀尔帖效应

（a）金属与费米能级较低的 P 型半导体接触前的能级结构；
（b）金属与费米能级较低的 P 型半导体接触后的能级结构；
（c）金属与费米能级较高的 P 型半导体接触前的能级结构；
（d）金属与费米能级较高的 P 型半导体接触后的能级结构

综上所述，对于金 - 半结的珀尔帖效应，在外电场力作用下，电子从金属流进 N 型半导体，或者电子从 P 型半导体流进金属，都是吸热过程，反之则是放热过程（即进 N 出 P 吸热，进 P 出 N 放热）。而且可以看到，金－半结的制冷效率一般要远远超过金－金结的制冷效率，特别是选择金属与费米能级较低的 N 型半导体或费米能级较高的 P 型半导体的情况。

利用金－半结的珀尔帖效应，特别是采用 P 型半导体与 N 型半导体配对，制冷效果非常显著，如图 7－9 所示。半导体制冷技术已经非常成熟，其制冷结构简单，体积小，质量轻，无噪声，无振动，无须制冷剂，且工作可靠，操作简便，易于进行冷量调节，用途越来越广。但与传统的压缩式制冷技术相比，它的制冷系数较小，耗电量相对较大，故它主要用于耗冷量小和占地空间小的场合，如电子设备和无线电通信设备中某些元件的冷却；有的也用于家用冰箱，但不经济。半导体制冷器还可做成零点仪，用来保证热电偶测温中的零点温度[6]。

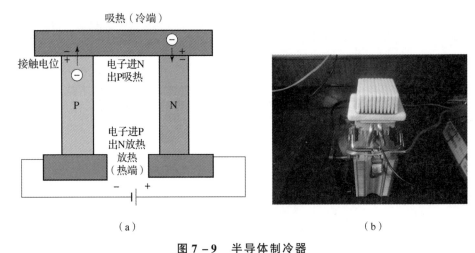

图 7－9　半导体制冷器

（a）原理图；（b）实物图

珀尔帖效应是热电效应中接触电势的逆效应。我们可以想象，应该还有另外一个有关热电效应的逆效应，这就是温差电势的逆效应。如图 7－10 所示，若某导体开始时是一端温度高、一端温度低的状态，因而两端存在温差电势，温度高的区域电位高，温度低的区域电位低。若该导体外接电源，使得其中电流方向是低温处到高温处，实际上是使得电子从高温处向低温处流动，电子的电势能将增加，电子则需要吸收能量才能"爬上"这个能量上坡，吸收的这个能量只能来自晶格振动能，使得导体温度降低，出现吸热现象。反之，如果电流的方向是高温处到低温处，则出现放热现象，这种现象称为汤姆逊效应（Thomson Effect）。

1）中间导体定律

热电偶回路中，在任何位置接入第三种材料的导体（称为中间导体），只要

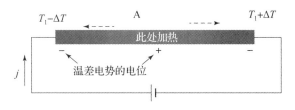

图 7 – 10　汤姆逊效应

中间导体两端温度相同，则不会影响热电偶回路的总热电势。

图 7 – 11 （a）中，由两种导体 A、B 组成的闭合回路，两接点温度分别是 T 和 T_0，其总热电势为

$$E_{AB}(T, T_0) = E_{AB}(T) - E_{AB}(T_0)$$

图 7 – 11 （b）中，温度为 T 的接点打开，接入第三种导体 C，回路总热电势为

$$E_{ABC}(T, T, T_0) = E_{AC}(T) + E_{CB}(T) - E_{AB}(T_0)$$

由式 （7.1） 得

$$
\begin{aligned}
E_{ABC}(T, T, T_0) &= \frac{KT}{e}\ln\frac{N_A(T)}{N_C(T)} + \frac{KT}{e}\ln\frac{N_C(T)}{N_B(T)} - \frac{KT_0}{e}\ln\frac{N_A(T_0)}{N_B(T_0)} \\
&= \frac{KT}{e}\ln\frac{N_A(T)}{N_B(T)} - \frac{KT_0}{e}\ln\frac{N_A(T_0)}{N_B(T_0)} \\
&= E_{AB}(T) - E_{AB}(T_0) \\
&= E_{AB}(T, T_0)
\end{aligned}
$$

上式说明在图 7 – 11 （b）中，温度为 T 的接点打开后接入第三种导体 C 并不影响总热电势。

图 7 – 11 （c）中，导体 B 中间断开，接入第三种导体 C，两个新接点温度都是 T_1，回路总热电势为

$$
\begin{aligned}
E_{ABCB}(T, T_1, T_1, T_0) &= E_{AB}(T) + E_{BC}(T_1) - E_{BC}(T_1) - E_{AB}(T_0) \\
&= E_{AB}(T) - E_{AB}(T_0) \\
&= E_{AB}(T, T_0)
\end{aligned}
$$

上式说明图 7 – 11 （c）中，导体 B 中间断开后接入第三种导体 C，只要两个加入的导体两端温度相等，并不影响回路的总热电势。

中间导体定律使得热电势测量成为可能，因热电势测量必须接入导线和仪表，相当于接入第三种导体。只要保持第三种导体两端温度相同就不影响总电动势。实际应用中，可方便地在热电偶回路中直接接入各种显示仪表和放大电路，也可将热电偶两端不焊接而直接插入液态金属中，或直接焊在金属表面上进行温度测量。

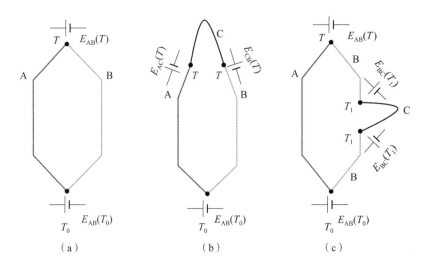

图 7 – 11   中间导体定律示意图

（a）导体 AB 的闭合回路；（b）接点打开，ABC 导体回路；（c）导体 B 中间断开，ABC 导体回路

2）中间温度定律

热电偶回路两接点（温度为 T、T_0）间的热电势，等于热电偶在温度为 T、T_n 时的热电势与在温度为 T_n、T_0 时热电势的代数和，T_n 称中间温度。数学表达为

$$E_{AB}(T, T_0) = E_{AB}(T, T_n) + E_{AB}(T_n, T_0) \qquad (7.5)$$

这很容易根据式（7.4）来证明。

中间温度定律为热电偶补偿导线的使用和冷端温度计算修正提供了理论依据。

3）均质导体定律

由同一种均质材料（导体或半导体）两端焊接组成闭合回路，无论导体截面如何以及温度如何分布，将不产生热电势。

如果由一种材料组成的闭合回路中存在温度差时回路中产生热电势，则说明材料不是均质导体，即材料是不均匀的。在实际生产热电偶材料的过程中，常使热电极处于不均匀的温度场中。若有电势产生，则说明热电极材料是不均匀的；产生的电势越大，说明不均匀性越严重。因此，该定律为检查热电极不均匀性提供了理论根据。

2. 热电偶种类、结构和使用方法

理论上讲，任何两种不同的导体或者半导体都可以组成热电偶。但是为了准确可靠地进行温度测量，热电偶材料的选择有如下要求：热电势的变化尽量大（灵敏度高）；热电势与温度的关系尽量接近线性关系；物理化学性能稳定，机械强度较高，容易加工，便于成批生产等。据此，国际电工委员会（IEC）推荐了 8 种标准化热电偶，它们有统一的分度号（专用的字母表示）和分度表（热电势 – 温度关系表）。热电偶名称由热电极材料命名。正极写在前面，负极写在后面。如镍铬 – 镍硅热电偶，镍铬材料是正极，镍硅材料是负极。将热电偶的测量值 $E_{AB}(T, T_0)$ 与分度表查到的热电势值 $E_{AB}(T_0, 0)$ 相加，得到参考端为 0℃ 的热电势 $E_{AB}(T, 0)$，再根据 $E_{AB}(T, 0)$ 的值从分度表上查找对应的被测温度 T 的值。

在实际测温时，有时候需要把热电偶输出的电势信号传输到离现场数十米远的控制室里的显示仪表或控制仪表，这里冷端温度 T_0 较稳定。热电偶一般较短（350 ~ 2 000 mm），其冷端需要用导线延伸出来。工程中采用一种补偿导线，它是由两种不同性质的廉价金属导线制成。在一定温度范围（0 ~ 100 ℃）内，与所配置的热电偶具有相同的热电特性。如图 7 – 12（a）所示，A、B 为热电偶热电极材料，测量端（热端）温度为 T，热电偶热电极引出端温度为 T_n，控制室温度为 T_0，则整个热电偶回路热电势为

$$E_{ABBA}(T, T_n, T_0, T_n) = E_{AB}(T) + E_{BB}(T_n) - E_{AB}(T_0) + E_{AA}(T_n)$$
$$= E_{AB}(T) - E_{AB}(T_0)$$

注意 $E_{BB}(T_n)$、$E_{AA}(T_n)$ 均等于 0。因测温端到控制室显示仪器处较远，所以热电偶引出端到显示仪表处用廉价热电偶电极材料 CD 取代 ［图 7 – 12（b）］，于是整个回路热电偶为

$$E_{ABDC}(T, T_n, T_0, T_n) = E_{AB}(T) + E_{BD}(T_n) - E_{CD}(T_0) + E_{CA}(T_n)$$
$$= E_{AB}(T) + \frac{KT_n}{e}\ln\frac{N_B(T_n)}{N_D(T_n)} - E_{CD}(T_0) + \frac{KT_n}{e}\ln\frac{N_C(T_n)}{N_A(T_n)}$$
$$= E_{AB}(T) - \frac{KT_n}{e}\ln\frac{N_A(T_n)}{N_B(T_n)} - E_{CD}(T_0) + \frac{KT_n}{e}\ln\frac{N_C(T_n)}{N_D(T_n)}$$
$$= [E_{AB}(T) - E_{AB}(T_n)] + [E_{CD}(T_n) - E_{CD}(T_0)] \quad (7.6)$$

如果在一定温度范围内，热电偶 CD 与 AB 特性相同，则有

$$E_{CD}(T_n) - E_{CD}(T_0) = E_{AB}(T_n) - E_{AB}(T_0) \quad (7.7)$$

于是有

$$E_{ABDC}(T, T_n, T_0, T_n) = [E_{AB}(T) - E_{AB}(T_n)] + [E_{AB}(T_n) - E_{AB}(T_0)]$$
$$= E_{AB}(T) - E_{AB}(T_0) \quad (7.8)$$

式（7.8）说明，只要在一定范围内热电偶 CD 与 AB 特性相同，在热电极引出端到显示仪表之间用 CD 代替 AB，并不影响总热电势大小。此时导线 CD 称为热电偶 AB 的补偿导线。

常用热电偶所配置的补偿导线如表 7 – 1 所示。使用补偿导线时，要注意补

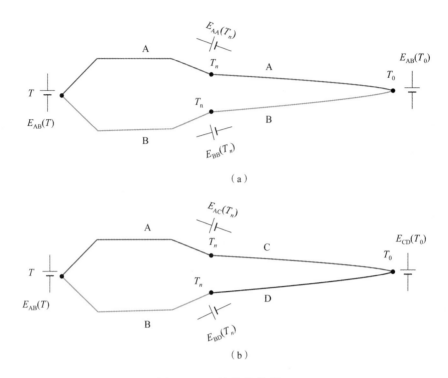

图 7 - 12　补偿导线原理

偿导线型号与热电偶型号匹配、正负极与热电偶正负极对应连接、补偿导线所处温度不超过使用温度范围。

表 7 - 1　常用热电偶补偿导线

补偿导线型号	配用的热电偶分度号	补偿导线		补偿导线颜色	
		正极	负极	正极	负极
SC	S（铂铑$_{10}$—铂）	SPC（铜）	SNC（铜镍）	红	绿
KC	K（镍铬—镍硅）	KPC（铜）	KNC（铜镍）	红	蓝
KX	K（镍铬—镍硅）	KPX（镍铬）	KNX（镍硅）	红	黑
EX	E（镍铬—铜镍）	EPX（镍铬）	ENX（铜镍）	红	棕
JX	J（铁—铜镍）	JPX（铁）	JNX（铜镍）	红	紫
TX	T（铜—铜镍）	TPX（铜）	TNX（铜镍）	红	白

　　表 7 - 2 所示为 8 种标准化热电偶的测温范围和特点，图 7 - 13 所示为各种热电偶的热电势 - 温度特性曲线。另外，有一些特殊情况可能要求使用非标准化热电偶。例如在氧化环境中要测量高达 2 100 ℃的高温，可以采用铱铑$_{40}$ - 铱热电偶，而且这种热电偶的热电势与温度之间有很好的线性关系。

表 7 - 2　热电偶特的测温范围和特点

热电偶名称	分度号	测温范围/℃	特点
铜 – 铜镍	T	– 40 ~ 350	精度高，稳定性好，低温时灵敏度高，价格低廉
镍铬 – 铜镍	E	– 40 ~ 800	稳定性好，灵敏度高，价格低廉
铁 – 铜镍	J	– 40 ~ 750	稳定性好，灵敏度高，价格低廉
镍铬 – 镍硅	K	– 270 ~ 1 370	氧化性与中性气氛中适用
镍铬硅 – 镍硅	N	– 270 ~ 1 300	是一种新型热电偶，各项性能均比 K 型热电偶好，适宜于工业测量
铂铑$_{30}$ – 铂铑$_6$	B	52 ~ 1 820	使用温度高，性能稳定，精度高，但价格贵
铂铑$_{13}$ – 铂	R	– 50 ~ 1 768	使用温度高，性能稳定，精度高，但价格贵
铂铑$_{10}$ – 铂	S	– 50 ~ 1 768	使用温度高，性能稳定，精度高，但性能不如 R 热电偶。曾经作为国际温标的法定标准热电偶

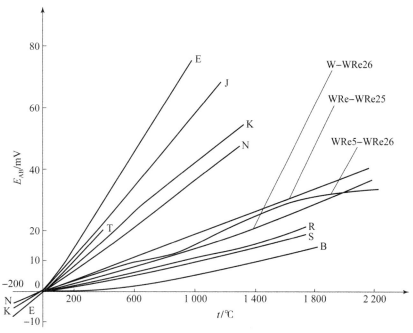

图 7 - 13　各种热电偶的热电势 – 温度特性曲线

　　根据具体的测温要求和条件，热电偶的结构形式有普通热电偶、铠装热电偶和薄膜热电偶等，如图 7-14 所示。普通热电偶工业上使用最多，它一般由热电极绝缘套管、保护管和接线盒组成，如图 7-14（a）所示。铠装热电偶又称套管热电偶，它是由热电偶丝、绝缘材料和金属套管三者经拉伸加工而成的坚固组合体，如图 7-14（b）所示。它可以做得很细很长，使用中根据需要可以任意地弯曲。铠装热电偶的主要优点是测温端热容量小、动态响应快、机械强度高、挠性好，可安装在结构复杂的装置上，因此广泛应用于许多工业部门。薄膜热电偶是由两种薄膜热电极材料用真空蒸镀、化学涂层等办法蒸镀到绝缘基板上而制成的一种特殊热电偶，如图 7-14（c）所示。薄膜热电偶的热接点可以做得很小（可薄到 0.01~0.1 μm），因而具有热容量小、反应速度快等优点，其热响应时间可以达到微秒级，适用于微小面积表面的温度测量以及快速变化的动态温度测量。由于使用温度受胶黏剂和衬垫材料限制，目前只能用于 -200~300 ℃范围。此外还有表面热电偶，主要用于对金属块、炉壁、涡轮叶片等固体表面的温度进行测量；浸入式热电偶，主要用于对钢水、铜水、铝水等熔融合金的温度进行测量。

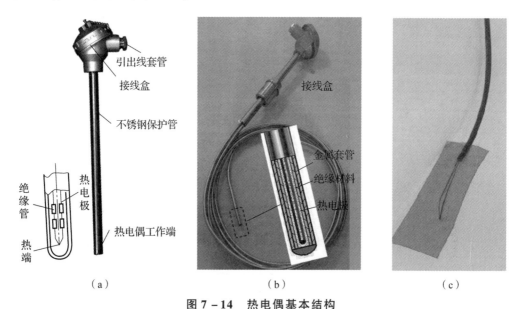

（a）　　　　　　　　　　（b）　　　　　　　　（c）

图 7-14　热电偶基本结构

（a）普通热电偶；（b）铠装热电偶；（c）薄膜热电偶

　　热电偶测温所使用的分度表以参考端（或者称为冷端）的温度等于 0 ℃为基础。一般在实际测量时，冷端温度并不等于 0 ℃。可以有两种补偿方法，一种是在实验室及精密测量中，把参考端放入装满冰水混合物的容器中，使参考端温度保持 0 ℃，这种方法称为参考端 0 ℃恒温法；另外一种方法是参考端温度修正法，若已知参考端温度为 T_0，首先在相应的分度表上查找热电势 $E_{AB}(T_0,0)$，然后根据中间温度定律求得。

$$E_{AB}(T,0) = E_{AB}(T,T_0) + E_{AB}(T_0,0) \tag{7.9}$$

表 7 - 3 所示为 K 型热电偶分度表。

表 7 - 3　K 型热电偶分度表

温度 /℃	0	1	2	3	4	5	6	7	8	9
	热电动势/mV									
0	0	0.039 7	0.079 4	0.119 1	0.158 8	0.198 5	0.238 2	0.277 9	0.317 6	0.357 3
10	0.397	0.437 1	0.477 2	0.517 3	0.557 4	0.597 5	0.637 6	0.677 7	0.717 8	0.757 9
20	0.798	0.838 5	0.879	0.919 5	0.96	1.000 5	1.041	1.081 5	1.122	1.162 5
30	1.203	1.243 8	1.284 6	1.325 4	1.366 2	1.407	1.447 8	1.488 6	1.529 4	1.570 2
40	1.611	1.652 1	1.693 2	1.734 3	1.775 4	1.816 5	1.857 6	1.898 7	1.939 8	1.980 9
50	2.022	2.063 4	2.104 8	2.146 2	2.187 6	2.229	2.270 4	2.311 8	2.353 2	2.394 6
60	2.436	2.477 4	2.518 8	2.560 2	2.601 6	2.643	2.684 4	2.725 8	2.767 2	2.808 6
70	2.85	2.891 6	2.933 2	2.974 8	3.016 4	3.058	0.099 6	3.141 2	3.182 8	3.224 4
80	3.266	3.307 5	3.349	3.390 5	3.432	3.473 5	3.515	3.556 5	3.598	3.639 5
90	3.681	3.722 4	3.763 8	3.805 2	3.846 6	3.888	3.929 4	3.970 8	4.012 2	4.053 6
100	4.095	4.136 3	4.177 6	4.218 9	4.260 2	4.301 5	4.342 8	4.384 1	4.425 4	4.466 7
110	4.508	4.549 1	4.590 2	4.631 3	4.672 4	4.713 5	4.754 6	4.795 7	4.836 8	4.877 9
120	4.919	4.959 8	5.000 6	5.041 4	5.082 2	5.123	5.163 8	5.204 6	5.245 4	5.286 2
130	5.327	5.367 6	5.408 2	5.448 8	5.489 4	5.53	5.570 6	5.611 2	5.651 8	5.692 4
140	5.733	5.773 4	5.813 8	5.854 2	5.894 6	5.935	5.975 4	6.015 8	6.056 2	6.096 6
150	6.137	6.177 2	6.217 4	6.257 6	6.297 8	6.338	3.378 2	6.418 4	6.458 6	6.498 8
160	6.539	6.579	6.619	6.659	6.699	6.739	6.779	6.819	6.859	6.899
170	6.939	6.978 9	7.018 8	7.058 7	7.098 6	7.138 5	7.178 4	7.218 3	7.258 2	7.298 1
180	7.338	7.377 9	7.417 8	7.457 7	7.497 6	7.537 5	7.577 4	7.617 3	7.657 2	7.697 1
190	7.737	7.777	7.817	7.857	7.897	7.937	7.977	8.017	8.057	8.097
200	8.137	8.177	8.217	8.257	8.297	8.337	8.377	8.417	8.457	8.497
210	8.537	8.577 1	8.617 2	8.657 3	8.697 4	8.737 5	8.777 6	8.817 7	8.857 8	8.897 9
220	8.938	8.978 3	9.018 6	9.058 9	9.099 2	9.139 5	9.179 8	9.220 1	9.260 4	9.300 7

温度/℃	0	1	2	3	4	5	6	7	8	9
	热电动势/mV									
230	9.341	9.381 4	9.421 8	9.462 2	9.502 6	9.543	9.583 4	9.623 8	9.664 2	9.704 6
240	9.745	9.785 6	9.826 2	9.866 8	9.907 4	9.948	9.988 6	10.029 2	10.069 8	10.110 4
250	10.151	10.191 9	10.232 8	10.273 7	10.314 6	10.355 5	10.396 4	10.437 3	10.478 2	10.519 1
260	10.56	10.600 9	10.641 8	10.682 7	10.723 6	10.764 5	10.805 4	10.846 3	10.887 2	10.928 1

7.2 热电阻与热敏电阻

在中低温区的温度测量中，常使用热电阻。与热电偶相比，利用热电阻测温，测量精度高，性能稳定。热电阻测温利用的是导体材料的电阻随温度变化而变化的特性。对于测温用热电阻材料的要求是，具有尽可能大和稳定的电阻温度系数和电阻率，电阻 - 温度关系线性度好，物理和化学性能稳定，复现性好等。目前最常用的热电阻材料是铂和铜。其中铂热电阻的测量精确度最高，广泛应用于工业测温，并被制成标准的基准仪（-259.34 ~ 630.73 ℃）。我国规定工业用铂热电阻有 $R_0 = 10\ \Omega$ 和 $R_0 = 100\ \Omega$ 两种。它们的分度号分别是 Pt10 和 Pt100，其中以 Pt100 最为常用，其分度表（即电阻值与温度关系表）如表 7 - 3 所示。铜热电阻化学物理性能稳定，输入 - 输出特性接近线性，价格低廉；其缺点是电阻率低，体积大，热惯性大，在 100 ℃ 以上时容易氧化，主要用于 -50~150 ℃ 的温度。铜热电阻有两种分度号，分别是 Cu50（即 $R_0 = 50\ \Omega$）和 Cu100（即 $R_0 = 100\ \Omega$）两种。Cu50 的分度表如表 7 - 4 所示。

表 7 - 3 铂热电阻分度表

分度号：Pt100 $R_0 = 100\ \Omega$

温度/℃	0	10	20	30	40	50	60	70	80	90
	电阻/Ω									
-200	18.49									
-100	60.25	56.19	52.11	48.00	43.87	39.71	35.53	31.32	27.08	22.80
0	100.00	96.09	92.16	88.22	84.27	80.31	76.33	72.33	68.33	64.30
0	100.00	103.90	107.79	111.67	115.54	119.40	123.24	127.07	130.89	134.70

续表

温度/℃	0	10	20	30	40	50	60	70	80	90
	电阻/Ω									
100	138.50	142.29	146.06	149.82	153.58	157.31	161.04	164.76	168.46	172.16
200	175.84	179.51	183.17	186.82	190.45	194.07	197.69	201.29	204.88	208.45
300	212.02	215.57	219.12	222.65	226.17	229.67	233.17	236.65	240.13	243.59
400	247.04	250.48	253.90	257.32	260.72	264.11	267.49	270.86	274.22	277.56
500	280.90	284.22	287.53	290.83	294.11	297.39	300.65	303.91	307.15	310.38
600	313.59	316.80	319.99	323.18	326.35	329.51	332.66	335.79	338.92	342.03
700	345.13	348.22	351.30	354.37	357.37	360.47	363.50	366.52	369.53	372.52
800	375.51	378.48	381.45	384.40	387.34	390.26				

表 7 – 4　Cu50 分度表（$R_0 = 50\ \Omega$）

温度/℃	0	10	20	30	40	50	60	70	80	90
	电阻/Ω									
– 0	50.00	47.85	45.70	43.55	41.40	39.24				
0	50.00	52.14	45.28	56.42	58.56	60.70	62.84	64.98	67.12	69.26
100	71.40	73.54	75.68	77.83	79.98	82.13				

热电阻传感器除了最主要的电阻体，还包括绝缘管、接线盒等，如图 7 – 15（a）所示。用热电阻传感器进行测温时，测量电路一般采用电桥电路，热电阻与检测仪表相隔一段距离，因此热电阻的引线对测量结果有较大的影响。热电阻内部引线方式有二线制、三线制和四线制三种。其中，二线制引线方式[图 7 – 15（b）]简单、费用低，但是两段引线电阻 r 位于电桥的同一桥臂，引线电阻本身及其引线电阻随温度变化会带来附加误差，主要用于引线较短、测温精度要求不高的情况。三线制引线方式[图 7 – 15（c）]是在热电阻的根部的一端连接一根引线接电源，另一端连接两根引线，分别接电桥的两个桥臂，这样可以较好地消除引线电阻的影响，是工业过程控制中最常用的。四线制引线方式[图 7 – 15（d）]在热电阻的根部两端各连接两根导线，其中两根引线为热电阻提供恒定电流 I，把 R 转换成电压信号 U，再通过另两根引线把 U 引至二次仪表。可见这种引线方式叫完全消除引线电阻的影响，主要用于实验室的高精度温度检测。

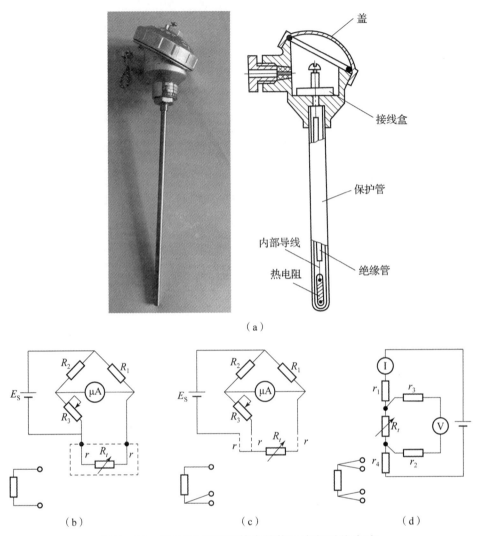

（a）

（b）　　　　　　　　　　（c）　　　　　　　　　　（d）

图 7 - 15　热电阻传感器基本结构及内部引线方式

（a）热电阻传感器基本结构；（b）二线制；（c）三线制；（d）四线制

热敏电阻是利用某种半导体材料的电阻率随温度变化而变化的性质制成的。与热电阻相比，热敏电阻的电阻温度灵敏度系数更高，常温下的电阻值更高（通常在几千欧姆以上），但互换性较差，非线性严重，测温范围只有 - 50 ~ 300 ℃。目前由于其性能不断改进，稳定性大大提高，在许多场合热敏电阻已逐渐取代传统的温度传感器，大量用于家电和汽车温度检测和控制。

热敏电阻根据电阻温度系数的正负分为两类，随温度增加而电阻增加的称为正温度系数热敏电阻，简称 PTC（Positive Temperature Coefficient），反之称为负温度系数的热敏电阻，简称 NTC（Negative Temperature Coefficient）。正温度系数热敏电阻又分为线性 PTC 和突变型 PTC，负温度系数热敏电阻又分为线性负指数型 NTC 和突变型 NTC，它们的特性曲线如图 7 − 16 所示。在温度测量中，主要采用 NTC 或 PTC 型热敏电阻，其中使用最多的是 NTC 型热敏电阻。CTR 型热敏电阻在一定温度范围内，其阻值随温度的变化发生突变，所以可作为理想的开关器件。

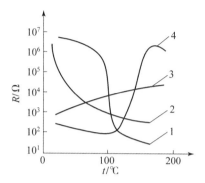

图 7 − 16　各种热敏电阻的特性曲线

1—突变型 NTC；2—负指数型 NTC；3—线性 PTC；4—突变型 PTC

　　热敏电阻的结构主要由热敏元件、引出线、壳体组成。其结构及符号如图 7 − 17 所示，根据不同的使用情况可封装成不同的形状，常见的形状有珠形、圆片形、方片形、棒形、薄膜形等。

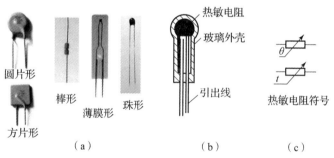

图 7 − 17　热敏电阻的形状、结构和电阻符号

（a）形状；（b）结构；（c）电阻符号

7.3　小结

　　（1）热电式传感器是将温度变化直接转换为电学量变化的传感器，主要用于温度测量。

　　（2）热电偶温度传感器的工作原理是热电效应，即利用温度对载流子化学势的影响，在扩散驱动力下产生热电势，主要用于中高温度的工业测温。

　　（3）热电阻传感器则利用金属导体的电阻值受温度影响的特性，把温度变化转换为金属电阻值的变化，常用于中低温区温度的工业测量。与热电偶相比测量精度高，性能稳定。

（4）热敏电阻传感器则利用半导体的电阻值受温度影响的特性。与热电阻相比，热敏电阻温度灵敏度系数更高，电阻值更高，但互换性较差，非线性严重，测温范围更窄。热敏电阻传感器大量用于家电和汽车的温度检测和控制。

习题

1. 什么是热电效应、接触电势、温差电势？

2. 什么是中间导体定律、中间温度定律和均质导体定律，各有什么用途？

3. 热电偶测温所使用的分度表是以参考端（冷端）等于 0 ℃ 为基础，而实际测量时冷端温度一般不是 0 ℃。如何进行补偿？

4. 热电阻内部引线方式有二线制、三线制和四线制，各有什么特点和适用场合？

5. 利用热电偶、热电阻、热敏电阻进行温度测量各有什么特点？

6. 用镍铬–镍硅热电偶测量加热炉温度。已知冷端温度 $T_0 = 30$ ℃，测得热电势 $E_{AB}(T, T_0) = 33.29$ mV，求加热炉温度。参考表 7–3 K 型热电偶分度表。

7. 分别解释什么是正温度系数、负温度系数、线性及突变型热敏电阻。

第 8 章

压电式传感器

压电式传感器是一种能将机械外力直接转换为电量信号的自发电式和机电转换式传感器，是一种有源传感器，如图 8 - 1 所示。它的敏感元件材料受力后表面产生电荷，经电荷放大器和测量电路放大和变换阻抗后，就成为正比于所受外力的电量输出。压电式传感器用于测量力和其他与力有关的非电学量（如加速度、振动等），其优点是频带宽、灵敏度高、信噪比高、结构简单、工作可靠和质量轻等；其缺点是阻抗高，信号微弱，需要输入阻抗很高的电路或电荷放大器来提取信号，某些压电材料需要防潮措施。

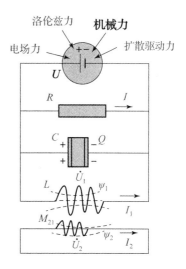

图 8 - 1 压电式传感器

8.1 压电效应与压电体

对于某些电介质，当沿着一定方向对它施加外应力而使它变形后，内部会产生电极化现象（或改变其极化状态），同时它的两个表面上产生符号相反的电荷；当外力去掉后又恢复不带电状态（或恢复原来的极化状态），这种将机械能转换成电能的效应称为"正压电效应"。反过来，对电介质施加外电场（同样也会改变其极化状态），电介质将产生机械变形，说明其内部出现机械应力，这种将电能转换成机械能（变形的应变能）的现象称为"逆压电效应"（电致伸缩效应）。

具有压电效应的材料称为压电体，不是所有的材料都是压电体。能成为压电体的材料，其微观结构需要以下条件：一是绝缘体（介电体），即材料中只有束缚电荷，无自由电荷；二是在晶体结构方面，原子排列不具有中心对称性。原子排列不具有中心对称性的介电体（压电体）又分为两类，一类是所有的极性晶体（即晶胞是极性的），如电气石、蔗糖、钛酸钡等，因为它们除了有压电效应之外，还有热释电效应（见8.2节），所以又称为热释电体，另一类是不具有中心对称性的非极性晶体，典型的物质如石英。对于极性晶体材料，又分两种，一种是其极性方向是固定的，另一种则是其极性方向在整体上可以被外电场改变。后者除了可以有压电效应和热释电效应之外，还有铁电效应（见8.3节），所以又称为铁电体。首先介绍石英晶体的压电效应。

石英晶体是最常用的压电晶体之一，其化学成分为 SiO_2，是单晶体结构。如图 8-2 所示，完整的石英晶体外形比较复杂，面比较多（复杂的 30 面体）。其中六个侧面形成六棱柱结构。六棱柱沿最长方向的横截面是一个正六边形，正六边形中心垂直向上的方向设为 Z 向，因为光沿着这个方向入射进入晶体无双折射方向，所以称为光轴；正六边形中心到正六边形某个角的方向设为 X 轴，因为该方向压电效应最强（即晶体受外力作用后垂直于该方向的晶体截面上电荷密度最大），所以又称电轴；垂直于 X 轴和 Z 轴的方向（即从正六边形中心到某个边长中心的方向）是 Y 轴，因为晶体在外电场中变形时，沿着该轴方向的机械变形最明显（此方向的正应变最大），所以又称机械轴。X、Y、Z 通常用数字 1、2、3 分别表示。

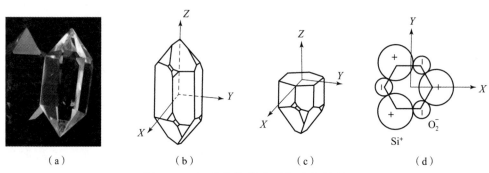

（a）　　　　　（b）　　　　　（c）　　　　　（d）

图 8-2　石英晶体的外形与内部结构

（a）石英晶体照片；（b）理想石英晶体外形；（c）坐标系；（d）硅氧离子排列示意图

材料的微观结构是其宏观性能的原因。下面讨论石英晶体具有压电性的微观机制。

如图 8-2（d）所示，在上述的正六边形横截面上的投影图上，硅氧离子按一个 Si 原子和两个 O 原子交替排列，如果把两个 O 原子看作一个负离子，即围成如图 8-2（d）所示的正六边形结构，注意这是一个非中心对称结构。在不加外力时，石英晶体中正离子的中心与负离子的中心是重合的，都在正六边形中心，即没有极性。当石英晶体未受力时，晶体中正负电荷中心是重合的，晶体没有极性，如图 8 – 3（a）所示。当沿着 X 轴方向受压应力时，正负离子的相对移动使得正电荷中心向下移动，负电荷中心向上移动，于是晶体出现极化，如图 8 – 3（b）所示。晶体的极化程度用电极化强度 P 表示，它是单位体积的晶体中分子（或晶胞）的电偶极矩[①]之矢量和，可以看作是单位体积的晶体内正或负电荷带电量×正负电荷中心距离，方向为负电荷中心指向正电荷中心，这与其中内建电场线方向相反。如果沿 X 方向施加拉应力，则正负离子的相对移动使得正电荷中心向上移动，负电荷中心向下移动，于是晶体出现反方向的极化，如图 8 – 3（c）所示。

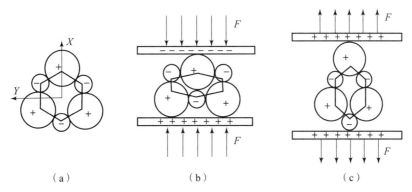

图 8 – 3　石英晶体的压电效应机理

（a）未受力；（b）沿 X 方向受压应力；（c）沿 X 方向受拉应力

如图 8 – 4（a）所示，石英晶体在使用时，沿着垂直于电轴、机械轴、光轴的截面取一个长方体的石英晶片，其中贴电极（即测电荷量）的两个截面面积较大。然后在选定的两个截面上镀银作为电极，封装后作为压电敏感元件使用。当石英晶片受到 X 方向的压力 F_X 作用 [图 8 – 4（b）]，在垂直于 X 轴的平面（称为 X 面）上所产生的电荷 q_X 与作用力 F_X 成正比，即

$$q_X = d_{11}F_X \tag{8.1}$$

式中，d_{11} 为 q_X 与 F_X 之间的压电系数，对于石英晶体，$d_{11} = 2.31 \times 10^{-12}$ C/N。从式（8.1）可以看出，此时切片上产生的电荷数量与切片尺寸无关，只与所受力 F_X 成正比。而电荷 q_X 的符号由晶体受压还是受拉决定。

如果在同一切片上沿着机械轴 Y 方向施加作用力 [图 8 – 4（c）]，仍然测量 X 面的电荷量 q_X，此时电荷 q_X 的多少与尺寸有关，大小为

---

① 电偶极矩：携带等量但符号相反的电荷量 q 的一对点电荷，构成一对电偶极了，间距为 r，则 $p = qr$ 称为电偶极矩，它是矢量，方向为负电荷指向正电荷。

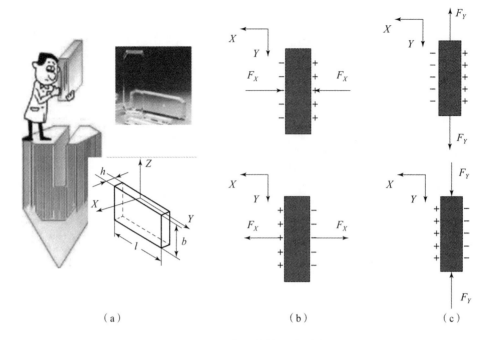

图 8 – 4   石英晶体的压电效应

（a）石英晶体的取样和尺寸；（b）F_X 的压电效应；（c）F_Y 的压电效应

$$q_X = d_{12} \frac{l}{h} F_X \tag{8.2}$$

其中尺寸 l、h 的意义如图 8 – 4（a）所示。

如果用 δ_1、δ_2、δ_3 分别表示垂直于 X、Y、Z 轴的 X 面、Y 面、Z 面上的电荷密度（单位面积的电荷数量），用 σ_1、σ_2、σ_3、σ_4、σ_5、σ_6 表示各个面上的应力，则有

$$\delta_i = d_{ij}\sigma_j \tag{8.3}$$

式中，$i = 1 \sim 3$，分别表示石英晶片的 3 个面；$j = 1 \sim 6$，分别表示 6 种不同类型的力（图 8 – 5），其中 $\sigma_1 \sim \sigma_3$ 指的是三个不同方向的正应力，$\sigma_4 \sim \sigma_6$ 指的是三个不同方向的剪应力。式（8.3）称为压电晶体的压电方程，其中石英晶体的压电系数 d_{ij} 是一个张量。

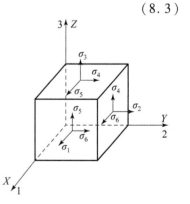

图 8 – 5   石英晶片上的应力

如图 8 – 6 所示，压电片只有在压力发生变化时才有可观测的电信号输出，一个不变的静止压力是不会产生可观测的电信号的，因为只有在压电片受力变化时，压电片的极化强度不断变化，电极上吸引的异号电荷数量随之变化，此时电路中才能有电

流通过。所以压电传感器适合测动态信号，不适合测静态信号。如果采用大时间常数的电荷放大器，也可测准静态力。

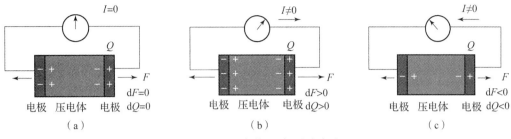

图 8 – 6 压电体适合测动态力

（a）dF = 0；（b）dF > 0；（c）dF < 0

相对压电效应，逆压电效应更好理解。与压电效应不同的是，任何材料、特别是电介质材料，都会有逆压电效应，即施加外电场时，材料都会因为其中正负电荷分别受到方向相反的电场力而发生机械变形。利用这一点，压电材料有两大应用领域：

（1）换能器，即在电场驱动下产生机械振动的器件，例如麦克风、立体声耳机和高频扬声器；

（2）压电驱动器，将电能转变为十分精确细微的机械运动，常用于精密仪器和机械的控制、微电子技术、生物工程等领域，例如在透射电镜、原子显微镜中控制样品产生原子级别的位移。

8.2　热释电效应与热释电体

对于极性晶体（晶胞或者分子的正负电荷中心不重合）的介电体，其在不加外力的情况下，内部也是极化的，称为自发极化。这种材料的极化程度可以随外力的变化而变化（即具有压电效应）；不仅如此，其极化程度也可以随温度的变化而变化，这种效应称为热释电效应（因为温度变化引起的极化程度的变化，会引起晶体表面电荷的增加和释放）或者焦电效应。

能产生热释电效应的晶体又可以分为两类，一类是具有自发极化、且自发极化方向不能被外电场改变的晶体，称为热释电体，如电气石、硫化钙、硒化钙、氧化锌等，它们一般都是单晶体；另一种是自发极化可以被外加电场改变的晶体，称为铁电体，如钛酸钡、锆钛酸铅、铌酸盐系压电陶瓷、铌镁酸铅压电陶瓷等。这些铁电体都是多晶体陶瓷，经极化处理后，能从各向同性多晶体转变成各向异性多晶体，并且有剩余极化，能像单晶体一样，呈现热释电效应。由于陶瓷易加工，易于改性、成本低，是很有前途的热释电材料。

与压电体适合测动态力原理一样，热释电体适合测温度的变化。如图 8 - 7 (a)所示，在一定温度下，各个电偶极在各自的对称轴附近随机摆动，摆动角度随温度增加而增加，温度一定时，平均摆动角度一定，因此极化强度也是确定的。当温度不断降低时，各个电偶极的随机摆动角度随之不断减弱，排列的有序性增加，则平均自发极化程度不断增加，导致电极中感生的电荷量不断增加，于是回路中出现电流，如图 8 - 7 (b) 所示。当温度不断增加时，各个电偶极的随机摆动角度随之不断增加，排列的有序性减小，则平均自发极化程度不断降低，导致电极中感生的电荷量不断降低，于是回路中出现反方向的电流，如图 8 - 7 (c) 所示。

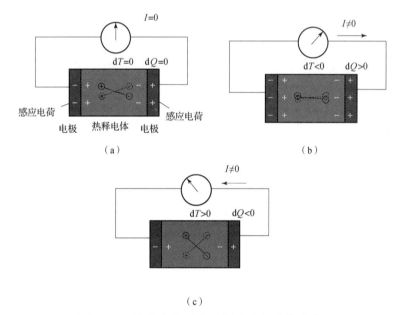

图 8 - 7 热释电体适合测量动态温度的变化

(a) $dT = 0$，$dQ = 0$；(b) $dT < 0$，$dQ > 0$；(c) $dT > 0$；$dQ < 0$

热释电材料对温度非常敏感，可用来测量 $10^{-5} \sim 10^{-6}$℃ 这样微小的温度变化，广泛用于非接触式温度测量、红外光谱测量、激光参数测量、红外热像仪、红外夜视仪等。在医学上，因为人体发炎的部位会辐射出更多的红外线，利用红外热像仪可以帮助医生确定病灶的位置及形状。在军事上，如果在导弹的前头装上一个红外线制导装置，导弹就会向着产生高强度红外线的飞机发动机等目标紧追不舍，直至命中。此外，由于生物体中也存在热释电现象，故可预期热释电效应将在生物，乃至生命过程中有重要的应用[7]。

前面讲过，大多数物理效应都有其逆效应，例如热电效应与珀尔贴效应和汤姆逊效应，电流磁效应与法拉第电磁感应，正压电效应与逆压电效应。热释电效应也有其逆效应。热释电效应简单来讲，就是改变热释电体温度，将会改变热释电体的极化程度；那么其逆效应就是改变热释电体的极化程度，将会改变其温度，这种效应称为逆热电效应或电卡效应。

所谓电卡效应，是指介电材料因外电场的作用而导致其极化状态的改变，进而产生自身温度的变化或熵的变化。它包括两方面：

（1）与外界温度相同的介电材料，在对其施加外电场时，其极化程度增加，熵减少（原子排列有序性增加），同时温度增加；

（2）处于外电场中、并与外界温度相同的介电材料，在撤销外电场时，其极化程度降低，熵增加（原子排列有序性减小），同时温度降低。

通过一定的结构设计，使电卡效应形成制冷循环，可用于新型制冷器的开发。如图 8 - 8 所示，步骤 1：在绝热条件下（与外界不交换热），对热释电体施加外电场（极化处理），使得电偶极有序排列，导致熵值减少，其温度从 T 增加到 $T + \Delta T$；步骤 2：保持外电场，热释电体与散射片接触，将热释电体材料中的热量转移到环境中，其温度降至 T；步骤 3：在绝热条件下，去除外电场（去极化处理），使得电偶极从有序到紊乱排列，熵增加，温度降低到 $T - \Delta T$；步骤 4：保持电场为 0，此时热释电体温度低于制冷环境温度，于是热量从低温热源转移到热释电体，其温度回到 T，完成一个制冷循环。

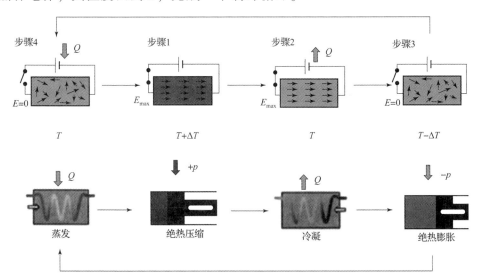

图 8 - 8　电卡效应制冷循环（上）与蒸汽 - 压缩制冷循环（下）对比图解

从热力学角度来讲，电卡效应制冷循环与传统的蒸汽 - 压缩制冷循环原理是相同的。如图 8 - 8 下图所示，冷媒的蒸汽在绝热压缩而冷凝成液相时，分子排列的有序性增加，导致熵减少，其温度从 T 增加到 $T + \Delta T$，于是通过散热片将其热量 Q 传递到环境中；冷媒的液相在绝热膨胀而蒸发汽化时，分子排列的有序性减小，导致熵增加，其温度从 T 降低到 $T-\Delta T$，于是冷媒从低温热源吸收热量 Q 而回到温度 T，完成一个制冷循环。

在利用珀尔帖效应的半导体制冷技术中，当电子从金属进入 N 型半导体或者从 P 型半导体进入金属，其向上的能级跃迁过程，从热力学的角度同样也是一个熵增过程（较高能级有较大的微观状态数），因而是吸热过程；反之，当电子从金属进入 P 型半导体或者从 N 型半导体进入金属，其向下的能级跃迁过程，从热力学的角度是一个熵减过程（较低能级有较小的微观状态数），因而是放热过程。

8.3 铁电效应与铁电体

一些介电体，如压电陶瓷，其分子或晶胞是极性的（这一点与热释电体相同），但材料整体的自发极化的方向能够被外加电场反转或重新定向（一般的热释电体做不到），这种效应称为"铁电效应"，这样的材料称为铁电体。

铁电体结构特点：一般是多晶体，即由多个单晶体晶粒组成，如图 8-9（a）所示；各晶粒中各个晶胞都是有极性的，但每个晶胞的自发极化方向可能并不相同，即使这些晶胞属于同一晶粒。同一晶粒内一些区域的各个晶胞极化方向相同，这些区域整体上具有一定极性，称为电畴。铁电体由很多不同极化方向和强度的电畴组成，若这些电畴的极化效应相互抵消，铁电体整体并不显示极性。

对铁电体材料施加外电场时，电畴的极化方向沿外场方向发生转动，材料整体得到极化，如图 8-9（b）所示；同时材料沿电场方向伸长；外电场去掉后，电畴的极化方向并不回到原来方向，同时材料整体上存在一定的剩余极化强度，如图 8-9（c）所示。此时材料才具有压电特性（及热释电性），同时材料具有一定的剩余伸长量。

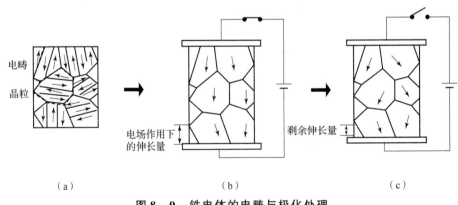

（a）　　　　　　　　　　　（b）　　　　　　　　　　　（c）

图 8-9　铁电体的电畴与极化处理

（a）极化处理前；（b）极化处理中；（c）极化处理后

极化后的铁电体如果施加反向的外电场，随外电场强度增加，铁电体极化强度逐渐减弱到零，然后方向反转，去除外电场后，剩余极化强度与原来相反。如图 8-10 所示，铁电体的极化曲线（极化强度 P-外电场强度 E 的关系曲线）与铁磁材料的磁化曲线（磁感应强度 B-磁场强度 H 之间的关系曲线）很相似，是回形曲线，所以称为电滞回线（铁磁体的 B-H 曲线称为磁滞回线），这是"铁电体"称谓的由来，并不是说铁电体材料中一定含有铁元素。

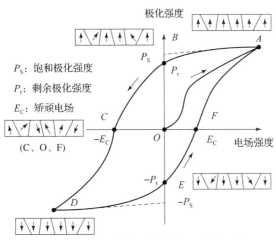

图 8-10　铁电体的极化曲线（电滞回线）

注意铁电体极化处理前，由于各个电畴的极化方向的随机取向，整体并不显示极性，也不具有压电性和热释电性。只有极化处理后，才能表现出压电效应和热释电效应。

当温度高于某一临界温度时，铁电体的铁电性消失，同时晶格也发生转变，这一温度称为铁电体的居里点。当晶体从非铁电相（称为顺电相）向铁电相过渡时，晶体的许多物理性质皆呈反常现象，例如介电常数非常大，数量级可达 $10^4 \sim 10^5$。这种现象与此时晶体结构的热力学不稳定性有关。注意，许多物理化学性能优异的材料都与其微观结构的热力学不稳定性有关，如钙钛矿材料以及相变临界点附近的材料。

铁电体（压电陶瓷）的压电系数一般比石英晶体高数百倍，并且制作方便，成本低，应用最为广泛。目前使用的压电陶瓷主要有钛酸钡（$BaTiO_3$）、钛酸铅（$PbTiO_3$）和锆钛酸铅等。

8.4　压电半导体与压电高分子

压电半导体是兼有压电性质的半导体材料。CdS、CdSe、ZnO、ZnS、CdTe、

ZnTe 等 Ⅱ－Ⅵ族化合物，GaAs、GaSb、InAs、InSb、AlN 等 Ⅲ－Ⅴ族化合物，都属于压电半导体。压电半导体兼有半导体和压电性两种物理特性，因此，既可用它的压电性能研制压电式力敏传感器，又可利用其半导体性能加工成电子器件，将两者结合起来，就可研制出传感器与电子线路一体化的新型压电传感测试系统。目前，在微声技术上用得最多的是 CdS、CdSe 和 ZnO。

高分子材料如果含有强极性键（电偶极子），并且电偶极子排列方向的一致性较强，则可以表现较强的压电特性。这些材料包括具有较大偶极矩的 C－F 键的聚偏氟乙烯化合物、亚乙烯基二氰与乙酸乙烯酯、异丁烯、甲基丙烯酸甲酯、苯甲酸乙烯酯等共聚物。这些材料高温稳定性较好，主要用作换能材料，如音响元件材料和控制位移元件材料。前者比较常见的例子是超声波诊断仪的探头、声呐、耳机、麦克风、电话、血压计等装置中的换能部件。将两枚压电薄膜贴合在一起，分别施加相反的电压使二者变形方向相反，薄膜将发生弯曲而构成位移控制元件。利用这一原理可以制成光学纤维对准器件、自动开闭的帘幕、唱机和录像机的对准件。

压电塑料薄膜还可用来制作海洋潮汐发电机、风力发电机以及放在手腕上的血压计；甚至可以包在潜艇外壳上，制成高灵敏度的声呐装置，可以使机器人具有"知觉"，像真人般地行动；也可以用来制造有知觉的人造皮肤。压电塑料薄膜还有热释电性，当它感受到热时，会产生电流。所以，可用它来制作火警预报装置以及对人体温度极敏感的夜盗报警器，小偷尚未伸手，即会警铃大作。

8.5 应用

利用压电效应，压电式传感器的基本输入量是力；利用热释电效应，传感器的基本输入量是温度。利用合适的转换元件，也可以测量其他的非电学量，如加速度传感器、振动传感器等。

压电式力或压力传感器有如下特点：属于能量转换型传感器（有源传感器），工作原理可逆，体积小，质量轻，刚性好，灵敏度高，稳定性好，有比较理想的线性；但是低频特性较差，主要用于动态测量。例如发动机内部燃烧压力的测量与真空度的测量；军事工业上，用它来测量枪炮子弹在膛中击发一瞬间膛压的变化和炮口的冲击波压力。它既可以用来测量大的压力，也可以用来测量微小的压力。压电式力传感器也广泛应用在生物医学测量中，比如心室导管式微音器就是一个压电传感器。动态压力的测量非常普遍，因而压电传感器的应用非常广泛。图 8－11 所示为典型压电式力传感器的基本结构和用途。

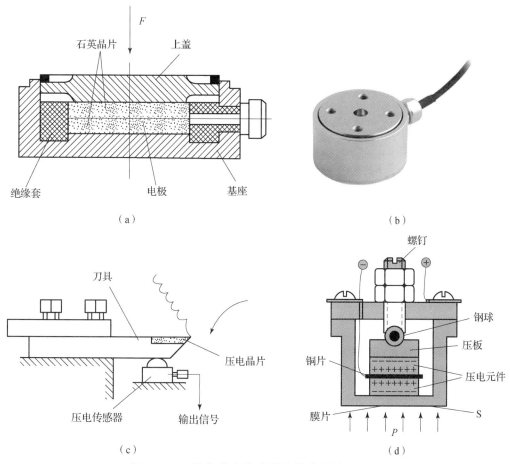

图 8 – 11 压电式力传感器的基本结构和用途

（a）压电式力传感器结构示意图；（b）压电式力传感器实物照片；

（c）压电式传感器测量刀具切削力示意图；（d）压电式压力传感器

压电式力传感器加上质量块作为转换元件（将加速度转换为力），就构成压电式加速度传感器，如图 8 – 12 所示。按其安装形式，分为压缩式、剪切式和弯曲式压电加速度传感器，以压缩式最为常见。压电式加速度传感器是一种常用的加速度计，具有结构简单、体积小、质量轻、使用寿命长等特点。压电式加速度传感器在飞机、汽车、船舶、桥梁和建筑的振动和冲击测量中已经得到了广泛的应用，特别是航空和航天领域中更有它的特殊地位。

同时利用压电晶体或压电陶瓷的压电效应和逆压电效应，可以制作超声波传感器。超声波是一种高频机械波，它波长短、绕射现象小，具有良好的定向性。超声波在液体固体中衰减很小，所以穿透能力很强，能穿透几十米长度的不透明固体，碰到杂质或分界面就会有显著的反射。这些特性使得超声波检测广泛应用于工业和医学当中。

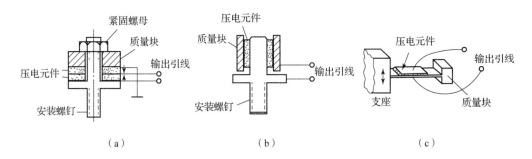

图 8 – 12　压电式加速度传感器

(a) 压缩式；(b) 剪切式；(c) 弯曲式

超声波传感器包括一个发射探头和一个接收探头，发射探头利用逆压电效应将高频电振动转换为高频机械振动，从而产生超声波。接收探头利用正压电效应将超声振动波转换为电信号。超声波传感器通过发射探头发射超声波脉冲与接收探头接收到这个超声波脉冲的时间间隔，来计算传感器到被测物体的距离，如图 8 – 13 所示。

超声波脉冲在流体中顺流传播和逆流传播时，传播速度是不同的，据此可以设计一种时差式超声波传感器。它利用一对超声波换能器（压电晶片）相向交替（或同时）收发超声波，通过观测超声波在介质中的顺流和逆流传播的时间差来间接测量流体的流速，然后再通过流速对时间积分计算流量。

如图 8 – 14 (a) 所示，有两只超声波换能器：顺流换能器和逆流换能器。两只换能器分别安装在流体管线的两侧，并相距一定的距离。管线的内直径为 D，超声波行走的路径长度为 L，超声波顺流在两只换能器之间传播（从顺流换能器到逆流换能器）的时间为 t_1，而逆流传播的时间为 t_2。超声波的传播方向与流体的流动方向夹角为 θ。由于流体流动的原因，超声波顺流传播长度 L 的距离所用的时间比逆流传播所用的时间短。两个时间分别为

$$t_1 = \frac{L}{c + v\cos\theta} \tag{8.4}$$

$$t_2 = \frac{L}{c - v\cos\theta} \tag{8.5}$$

式中，c 是超声波在静止介质中的声速；v 是介质的流动速度，并假设 $c \gg v$。t_1 和 t_2 的时间差为

$$\Delta t = t_2 - t_1 \approx \frac{2vL\cos\theta}{c^2} = \frac{2vX}{c^2}$$

即流体的流速为

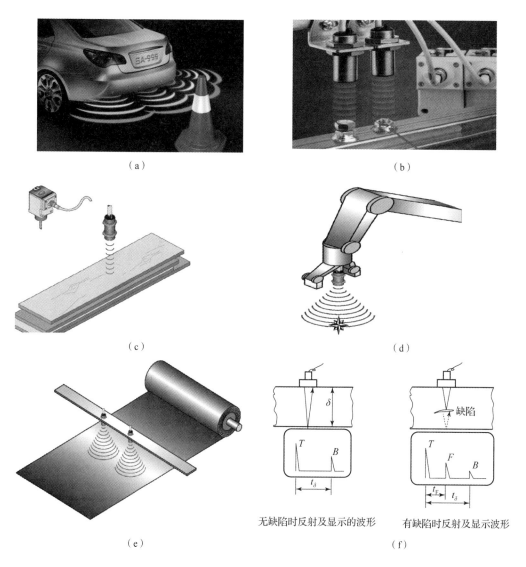

（a）　　　　　　　　　　　　　　　（b）

（c）　　　　　　　　　　　　　　　（d）

无缺陷时反射及显示的波形　　　　　有缺陷时反射及显示波形

（e）　　　　　　　　　　　　　　　（f）

图 8 - 13　超声波距离传感器应用

（a）距离测量（倒车雷达）；（b）质量检查；（c）叠放高度测量；

（d）机械手定位；（e）平整度测量；（f）探测缺陷

$$v = \frac{c^2 \Delta t}{2X} \tag{8.6}$$

式中，X 是两个换能器在管线方向上的间距。而流量 Q 则为

$$Q = \frac{\pi D^2}{4} \int v \mathrm{d}t \tag{8.7}$$

超声波在传播路径上如遇到微小固体颗粒或气泡会被散射，此时用时差法测量就不能很好地工作，它只能用来测量比较洁净的流体，这时可以采用频差法超声波流量计，又称多普勒超声波流量计。频差法超声波流量计以物理学中的

多普勒效应为基础。根据声学多普勒效应，当声源和观察者之间有相对运动时，观察者所感受到的声频率将不同于声源所发出的频率。这个因相对运动而产生的频率变化与两物体的相对速度成正比。频差法超声波流量计的工作原理如图 8 - 14（b）所示。发射换能器 T 发射一定频率的超声波，被流体中的气泡和固体颗粒散射，接收换能器 R 接收散射波，其频率变化与粒子（或气泡）的移动速度 v 成正比（由于换能器具有一定的指向性，所以接收的散射信号基本上是从管道中心附近发射来的）。多普勒频移 f_d 和流速 v 的关系如下式所示：

$$\begin{cases} f_d = f_r - f_t = \dfrac{2v\cos\theta}{c}f_t \\ v = \dfrac{c}{2f_t\cos\theta}f_d \end{cases} \quad (8.8)$$

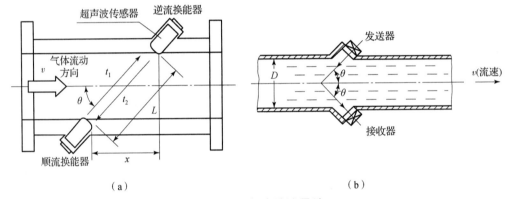

图 8 - 14　超声波流量计

（a）时差式超声波流量计；（b）频差法超声波流量计

式中，f_t 为发射频率；f_r 为接收频率；θ 是换能器 T、R 的指向方向与管道轴向的夹角。这样通过测量发射与接收超声波频率之差，就可测得管道中心流体的流速。

超声波流量计和电磁流量计一样，在仪表流体通道中没有设置任何阻碍元件，都属于无阻碍流量计，是适用于解决流量测量困难问题的一类流量计，特别在大口径流量测量方面有比较突出的优点，近年来发展迅速。超声波流量计是一种非接触式仪表，它既可以测量大管径的介质流量，也可以用于不易接触和观察的介质的测量。它的测量准确度很高，几乎不受被测介质的各种参数的干扰，尤其可以解决其他仪表不能解决的强腐蚀性、非导电性、放射性及易燃易爆介质的流量测量问题。

8.6　小结

（1）原子排列具有非中心对称性的介电体具有压电效应，能将机械外力直接转化为电荷、电压或电流信号；自发极化的介电体，其极化程度既能因机械外力的变化而变化，也可以由于温度的变化而变化，因而兼具压电性和热释电性。

（2）压电式传感器利用压电效应，将作用于压电体上的力或压力的变化直接转换为电压或电流变化，主要用于力或压力的动态测量，加上合适的转换元件，也可以用于其他物理量的测量；利用热释电效应，则可以直接用于温度的测量。

（3）具有多个电畴结构的铁电体，其自发极化方向可以因不同方向的极化处理改变，称为铁电效应。同时也兼具压电性和热释电性，且具有比一般压电体和热释电体更高的压电系数及其他独特性质。

（4）利用压电效应的双向可逆性，可以设计不同类型的超声波传感器，常用作距离传感器和流量传感器。

习题

1. 什么是压电效应、热释电效应、铁电效应？
2. 具有压电效应、热释电效应和铁电效应的材料，晶体结构有何特点？
3. 什么是铁电体？
4. 什么是电畴？
5. 石英晶体的压电系数 d_{11}、d_{21} 的物理意义是什么？
6. 石英和锆钛酸铅（PZT）的压电效应有何不同？
7. 时差法超声波流量计和频差法超声波流量计工作原理有何不同？
8. 压电体制作传感器的应用举例。

第 9 章
光电式传感器

　　某些材料或者材料组合，在受到一定频率的光线照射后，会发生电子的发射、跃迁或者漂移，即产生各种光电效应。以这些材料作为光电敏感元件的光电式传感器，将输入的光照度信号转换成各种电信号（电压、电流、电阻的变化）输出，如图9-1所示。光电式传感器除了能够测量光的照度，还能利用光线的散射、反射、干涉、透射、遮挡等测量其他多种物理量，如尺寸、位移、速度、温度等，应用极为广泛。光电式传感器是一种非接触式传感器，在测量中不存在对被测对象的任何机械干

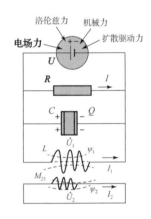

图 9 - 1　光电式传感器

扰，因此在许多应用场合，光电式传感器比其他传感器有明显的优越性。其缺点是，光学和电子器件在某些应用方面价格较贵，并且对测量的环境条件有较高要求。

9.1　光电效应

1. 外光电效应

　　外光电效应是指金属受到一定频率的光的照射后向金属表面之外发射电子的现象。由于光的照射而从金属表面向外发射的电子称为光电子。外光电效应的特性是，光的频率（或者广义来讲，电磁波频率）必须大于某一临界值时才能发射光电子，此极限值称为极限频率或红限频率，它与金属材料本身的逸出功[①]

---

　　① 逸出功又叫功函数或脱出功，是指电子从金属表面逸出时克服表面势垒必须做的功。常用单位是电子伏特（eV）。金属材料的逸出功不但与材料的性质有关，还与金属表面的状态有关，在金属表面涂覆不同的材料可以改变金属逸出功的大小。

有关。发射的光电子的能量取决于光的频率，与光的强度无关。光的强度仅影响光电子强度，这一点无法用光的波动性解释。外光电效应首先由德国物理学家海因里希·赫兹在 1887 年发现，德国物菲利普·莱纳德用实验发现了外光电效应的重要规律；而外光电子效应的特性由当时的德国物理学家爱因斯坦第一个成功解释，并因此获得诺贝尔奖。光电效应的发现和理论机制，对发展量子理论及提出波粒二象性的设想起到了根本性的作用。

如图 9-2（a）所示，在金属体附近放置一个电极作为阳极，金属体本身作为阴极，它们之间加上正向电源后，这些逸出的光电子被电场力吸引到达阳极，在回路中形成电流，即所谓的光电流。当入射光的强度增加，即单位时间里进入单位面积金属表面的光子数增多时，光电子发射机会增加，因而单位时间内从金属表面逸出的光电子数目也增多，光电流也随之增强。

利用外光电效应工作的光电元件称为光电管，如图 9-2（b）所示，其典型结构是将球形玻璃壳抽成真空，在内半球面上涂一层光电材料作为阴极，球心放置小球形或小环形金属作为阳极。根据不同波段的需要，用作光电阴极的金属有碱金属、汞、金、银等。光电管的缺点是灵敏度低、体积大、易破损，现在已被固体光电器件所替代。

普通光电管的灵敏度可由光电倍增管提高。如图 9-2（c）所示，光电倍增管的管内除了光电阴极和阳极之外，两极间还放置多个瓦形倍增电极（次阴极）。使用时，两个相邻的倍增电极间均加有电压，用来加速电子。阴极接受光照后，释放出光电子，在电场力的作用下向第一倍增电极发射，引起电子的二次发射，激发出更多的电子，然后在电场作用下飞向下一个倍增电极，又激发出更多的电子，最后到达阳极时，收集到的电子可增加 $10^4 \sim 10^8$ 倍。可见光电倍增管的灵敏度比普通光电管要高得多，可检测微弱的光信号。光电倍增管高灵敏度和低噪声的特点使它在光测量方面获得广泛应用。

光电管和光电倍增管可以用来设计光敏传感器，将光照度转化为电流或电压信号。

2. 内光电效应之光电导效应

对于某些半导体材料，虽然光的照射不会激发光电子，但会改变材料的导电性能，这种效应称为内光电效应。它包括两种情况，一种是光电导效应，一种是光生伏特效应。光电导效应是指半导体接受光的照射后导电性增加（电阻率降低）的现象，原因是半导体中价带的电子接受足够频率的光子的能量之后，跃迁到导带而成为自由电子，同时在价带中留下空穴，自由电子和空穴都是能参与导电的载流子，因而光照后半导体载流子浓度增加，导电性增强，电阻率

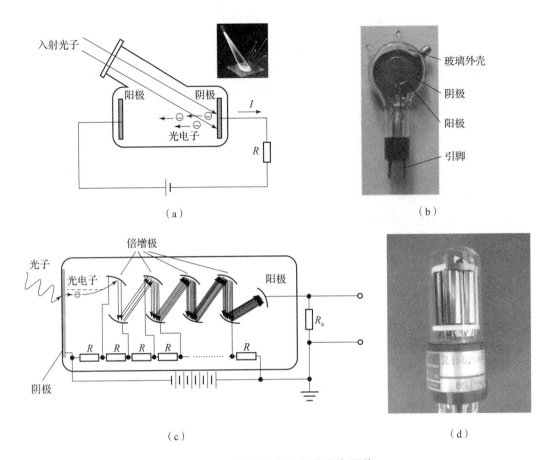

图 9 - 2 光电效应及相关光电元件

（a）光电效应；（b）光电管基本结构；（c）光电倍增管；（d）光电倍增管实物

降低。从另外的角度讲，该效应就是半导体材料中的电子吸收光子能量后从键合状态过渡到自由状态，而引起材料电阻率降低。光电导效应也有红限频率，它与材料的禁带宽度有关，即入射光的能量（等于光的频率乘以普朗克常数）必须大于材料的禁带宽度，价带电子才能吸收其能量而跃迁到导带。

  光敏电阻是利用光电导效应制作的光电元件，又称光导管。不同频率的光子具有不同的能量，因此，一定的材料只对应于一定频率的光才具有这种效应。对紫外光较灵敏的光敏电阻称紫外光敏电阻，如硫化镉和硒化镉光敏电阻，用于探测紫外线；对可见光灵敏的光敏电阻称可见光光敏电阻，如硒化铊、硫化铊、硫化铋及锗、硅光敏电阻，用于各种自动控制系统，如光电自动开关门窗、光电控制照明、自动安全保护等；对红外线敏感的光敏电阻称红外光敏电阻，如硫化铅、碲化铅、硒化铅等，用于制作红外夜视仪（热像仪）以在夜间或淡雾中探测能够辐射红外线的目标、红外通信、导弹制导等。

光敏电阻主要由光敏层、电极玻璃和基片（或树脂防潮膜）等组成。如图 9-3 所示，光敏电阻的电极常采用梳状图案，它是在一定的掩膜下向光敏层薄膜（深色区域）上蒸镀金或铟等金属形成（图中浅色区域）。

光敏电阻无光照时为暗态，此时材料具有暗电导，载流子实际上是"热生"自由电子 – 空穴对，其数量通常非常少，所以暗电导很小；有光照时为亮态，此时具有亮电导，载流子是"热生"和"光生"载流子之和。如果给半导体材料外加电压，通过的电流有暗电流与亮电流之分。亮电导与暗电导之差称为光电导（其倒数称为光电阻），亮电流与暗电流之差称为光电流。光照度越大，则光电导越大（光电阻越小），光电流越大。传感器的设计，可以利用光敏电阻中光敏材料的光电导效应，将光照度转换为电阻和电流的变化，以实现非电量的电测。

梳状电极

光敏层

引脚

图 9-3　光敏电阻基本结构

3. 内光电效应之光生伏特效应

"伏特"是电动势的单位。光生伏特效应，顾名思义是指物体在光的照射下产生一定方向电动势的现象。光生伏特效应有两种：结光电效应（或势垒效应）和横向光电效应（或侧向光电效应）。

1）结光电效应

结光电效应是 PN 结的光生伏特效应。半导体中有两种载流子，即价带中的空穴与导带中的自由电子。对于纯净的半导体，如 Si 晶体，载流子是"热生"载流子，数量很少，导电性很低，载流子中自由电子与空穴数量相等。Si 是 4 价元素，Si 晶体中每个 Si 原子与周围 4 个邻近的 Si 原子形成共价键。如果纯净的 Si 晶体中掺入了少量 5 价元素（如 P），使之取代晶格中 Si 原子的位置，此时每个 P 原子只利用其 5 个价电子中的 4 个价电子与周围 4 个 Si 原子成键，另外 1 个价电子很容易进入导带而成为自由电子。这样 Si 晶体中自由电子的数目大大增加，总载流子数目也大大增加，因而材料导电性也大大增加。这样的掺杂半导体以负（Negative）电荷（自由电子）为多数载流子（多子），空穴为少数载流子（少子），所以称为 N 型半导体。

如果纯净的 Si 晶体中掺入了少量的 3 价元素（如 B），B 原子取代晶格中 Si 原子的位置后，总共只有 3 个价电子与周围 4 个 Si 原子成键，于是在共价键中形成一个空穴，相当一个正电荷。这样 Si 晶体中空穴的数目大大增加，总载流子数目也大大增加，因而材料导电性也大大增加。这样的半导体以正（Positive）电荷（即空穴）为多子，自由电子为少子，所以称为 P 型半导体。

如图 9-4（a）所示，N 型半导体与 P 型半导体紧密接触（二极管），N 型半导体的自由电子因浓度差异向 P 型半导体扩散，结果在接触界面附近的 P 型半导体中与 B 原子周围共价键中的空穴复合，空穴和自由电子都消失，而 B 原子成为负离子；同样，P 型半导体的空穴也因浓度差异向 N 型半导体扩散，结果在接触界面附近的 N 型半导体中与 P 原子周围的自由电子复合，空穴和自由电子也都消失，而 P 原子成为负离子。于是在接触面附近，出现一个很薄（微米级）的、自由电子与空穴数量都极少（这一点与纯净半导体类似）、同时有极性（这一点类似极性晶体）的区域，称为空间电荷区、耗尽层或 PN 结区，如图 9-4（b）所示。PN 结区中，分别偏聚于接触界面两侧的正 P 离子和负 B 离子（称为空间电荷），形成从 N 型半导体指向 P 型半导体的电场，称为结电场。于是半导体整体（PN 结）上形成 N 型半导体区（简称 N 区）、PN 结区以及 P 型半导体区（简称 P 区）三个不同导电性质的区域。此结电场对自由电子从 N 区到 P 区、空穴从 P 区到 N 区的扩散起着阻碍作用（即电场力与扩散驱动力方向相反）。开始时 PN 结区很薄，电场力很小。随着扩散的进行，PN 结区越来越厚，电场力越来越大，当电场力与扩散驱动力达到平衡时，PN 结区达到平衡，电场力稳定下来，厚度不再变化。

PN 结具有单向导通性。如图 9-4（c）所示，当 PN 结正接，即 P 区接电源正极，N 区接电源负极，此时加入的外电场削弱了结电场，打破了自由电子和空穴的扩散驱动力和电场力之间的平衡，扩散大于漂移[①]，于是形成正向电流（从 P 指向 N 的电流）。由于正向电流的载流子是多子，载流子浓度较大，此时 PN 结的电阻（正向电阻）很小，称为正向导通；而当 PN 结反接 [图 9-4（d）]，即 P 区接电源负极，N 区接电源正极，此时加入的外电场加强了结电场，打破了力的平衡，使得漂移大于扩散，形成反向电流。由于反向电流的载流子是少子，而少子浓度非常小，所以反向电流非常小，几乎可以忽略不计，此时显示 PN 结的电阻（反向电阻）很大，称为反向截止。

当 PN 结受到光的照射，若光子能量大于 PN 结材料的禁带宽度，则会在 PN 结中激发光生自由电子 – 空穴对，打破上述平衡。于是 PN 结内部的自由电子空穴对、以及从结区附近的 N 区和 P 区新扩散进结区的自由电子 – 空穴对，在结电场力的作用下，自由电子发生漂移，进入 N 区；空穴发生漂移，进入 P 区，由此在开路的情况下 [N 区不与 P 区用导线连接，图 9-4（e）]，N 区会出现自

---

① 半导体中，漂移是指载流子在电场力驱动下的运动，在 PN 结中一般是少子的运动形式；扩散是指载流子在扩散驱动力（浓度差造成的化学势差）驱动下的运动，在 PN 结中一般是多子的运动形式。

由电子的偏聚，P 区出现空穴的偏聚，最终产生一个与结电场平衡的光生电场及相应的光生电动势或光生电压。如果是闭路的情况 [N 区与 P 区通过外电路连接，图 9 – 4 （f）]，则在光生电压的驱动下，N 区的自由电子通过外电场向 P 区移动，空穴则在外电路中反向移动，于是外电路中形成电流，因为电流是光激发的两种载流子（光生载流子）的移动，所以称为光电流。这种 PN 结不加偏置电压对光产生的反应称为结光伏效应。利用结光伏效应制作的光电元件称为光电池，它主要用于光电转换、光电探测及光能利用等方面。

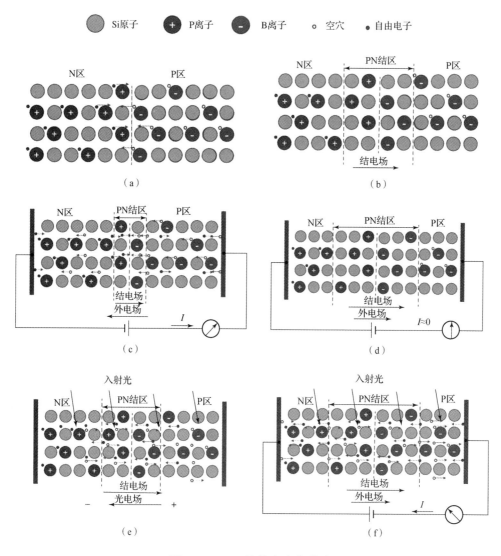

图 9 – 4　PN 结的内光电效应

（a）多子的扩散与复合；（b）PN 结的形成；（c）PN 正向导通示意图；

（d）PN 结反向截止示意图；（e）开路时光生电压形成示意图；（f）闭路时光生电流示意图

PN 结反接电源（反偏①）的情况下，没有光照时，如前所述，是截止状态。如果有光的照射，则光在半导体中激发自由电子–空穴对，少子数量也因此增加，于是反向电流增大。光的照度越大，少子数量越多，反向电流也越大。因为此时反向电流的载流子–少子也是光激发的，所以反向电流也是光电流。这种 PN 结加反向偏置电压时对光的反应，称为结光电导效应。如果 PN 结加正向偏置电压（电源正接），则无明显光电效应，相当于一个普通二极管。结光电导效应与均质半导体的光电导效应的区别是，匀质材料的光电导效应对外加电压没有极性要求；而结光电导效应对外加电压有极性的要求，需要反向偏置，并且由于电压主要施加在结区上，结区的厚度又很薄（微米量级），所以结区的电场强度很大，使得光生载流子的漂移速度很高，提高了器件的响应速度。但偏压不能过高，否则会烧坏 PN 结。

上述 PN 结对光的各种反应统称为结光电效应。利用其中结光电导效应的光电元件称为光敏二极管或光电二极管。为了提高光敏二极管的光敏特性，人们设计了光敏三极管。它有三个极（发射极、基极、集电极）和两个 P–N 结。发射极半导体掺杂浓度很高，基极半导体掺杂浓度很低且很薄，集电极掺杂浓度介于之间。基极无引线，仅有集电极和发射极两端引线。光敏三极管相当于在普通三极管的基极和集电极之间接入一只光敏二极管，光敏二极管的光电流（光生载流子的电流部分）相当于二极管的基极电流。因为光电三极管能够将光电流放大，比光电二极管对光的反应灵敏得多，在集电极可以输出很大的电流。

NPN 型光敏三极管如图 9–5 所示。其中集电结为受光结，吸收入射光。基区面积较大，发射区面积较小。当光入射到基极表面，产生光生自由电子–空穴对，在集电结的结电场作用下，自由电子向集电极漂移，而空穴移向基极，致使基极电位升高，在 c、e 间外加电压作用下（c 为 +、e 为 –），大量自由电子由发射极注入基极，这些电子除了少数在基极与光生空穴复合形成光电流外，其余电子通过极薄的基极被集电极收集，形成的电流可以看作是光电流的放大。总之，光敏三极管工作原理分为两个过程：一是光电转换（产生光生载流子）；二是光电流放大。光敏三极管最大的特点是输出电流大，达毫安级。但响应速度比光敏二极管慢得多，温度效应也比光敏二极管大得多。

传感器的设计可以利用光敏二极管和光敏三极管的结光电导效应，将光照度

---

① 反向偏置：将电源正极与二极管 N 区相连、电源负极与二极管 P 区相连，简称二极管反偏，此时二极管通常处于截止状态。反之，电源正极接二极管 P 区、电源负极接二极管 N 区称为正向偏置，简称二极管正偏，此时二极管处于导通状态。

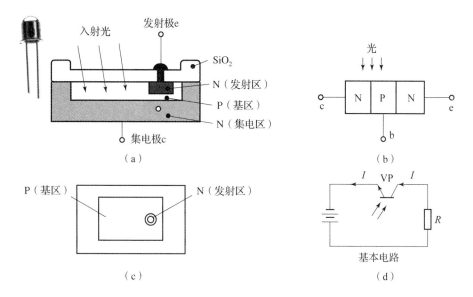

图 9 - 5　NPN 型光敏三极管

（a）实物图；（b）结构简化模型；（c）结构；（d）基本电路

转换为光电流，实现非电量的电测。

2）横（侧）向光电效应（横向光生伏特效应）

当半导体光电器件局部接受光的照射，光照部分吸收入射光子的能量，产生电子 – 空穴对。光照部分载流子浓度比未受光照部分的载流子浓度大，于是出现了载流子浓度梯度，因而载流子将发生扩散。因为自由电子迁移率比空穴大，空穴的扩散不明显，则电子向未被光照部分扩散，这样造成了光照射的部分偏聚正电荷，未被光照射的部分偏聚负电荷。光照部分与未被光照部分产生光电动势，这种现象称为横向（或侧向）光电效应或横向光生伏特效应。注意此时光生电动势是扩散驱动力的结果，而结光电效应的光生电动势是结电场力的结果。基于该效应的光电器件有光电位置敏感元件（PSD）。

如图 9 - 6 所示，PSD 一般做成 P + I + N 结构，P、I、N 分别是 P 型半导体、本征（Intrinsic）半导体和 N 型半导体。最上一层是 P 层，掺杂浓度较高，电阻较低；下层是 N 层，掺杂浓度很高，电阻低；中间插入一层较厚的高阻 I 层作为耗尽层。I 层耗尽区宽，结电容小，光生载流子几乎全部都在 I 层耗尽区中产生，响应速度比普通 PN 结光电二极管要快得多。当 PSD 表面受到光照时，光斑处产生的电子 – 空穴对流经 P 层电阻，分别从 P 层两端的两个电极上输出光电流 I_1 和 I_2。由于 P 层电阻是均匀的，电极输出的光电流反比于入射光斑位置到各自电极之间的距离。图 9 - 6 所示为一维 PSD，设 PSD 中心为位置原点，光线入射点

位置坐标为 x，总长度为 L，则 x 与两个电极的电流 I_1 和 I_2 之间存在如下数学关系：

$$\frac{I_1}{I_2} = \frac{L - x}{L + x} \qquad (9.1)$$

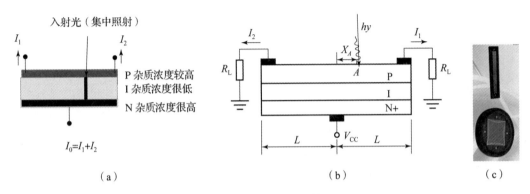

图 9 - 6　光电位置敏感器件（PSD）

（a）结构；（b）电路原理；（c）实物图

于是根据测得的两个电极电流强度的比值，算得位置 x 的坐标。

4. 热释电效应

热释电效应是极性材料随温度变化而改变其自发极化强度的现象。任何物体都会发射红外线，当物体温度不同时，发射的红外线强度和波长发生相应变化。一些材料（热释电体）自发极化强度对这种改变十分敏感，从而产生电压和电流信号。关于热释电效应的具体情况请回看 8.2 节。热释电元件往往同属于热敏、压敏和光敏元件。

9.2　基本结构与用途

光电传感器的基本组成除了核心的光电元件，还有光源、光学通路等。光电元件包括上述的光电管、光电倍增管、光敏电阻、光电池、光敏二极管、光敏三极管、光电位置敏感元件等。光源（发光器件）包括普通的钨丝灯泡、发光二极管和激光光源等。光学通路包括各种直射、透射、折射、反射、散射、聚焦等装置。按照光学通路的形式，光电传感器分为辐射式（直射式）、透射式（吸收式）、反射式、遮蔽式等，如图 9 - 7 所示。

光电传感器的应用示例如图 9 - 8 所示。

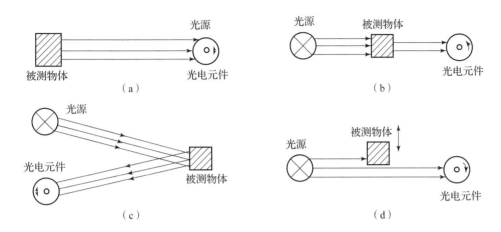

图 9 - 7　光电传感器的基本光路形式

（a）、（b）直射式；（c）反射式；（d）遮蔽式

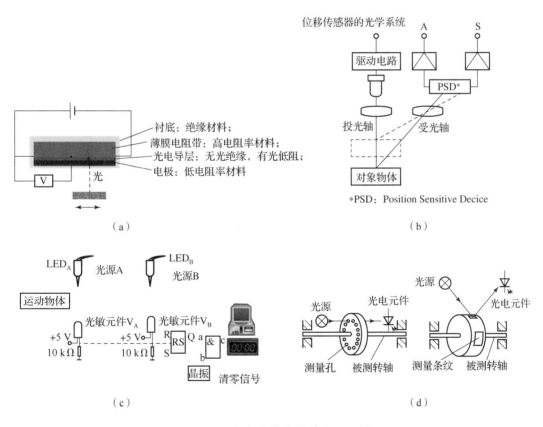

图 9 - 8　光电式传感器的应用示例

（a）光电式电位器测位移；（b）PSD 位移传感器；（c）直射式速度传感器；（d）转速传感器

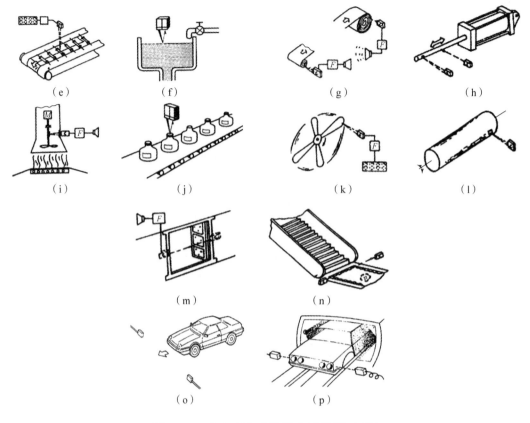

图 9 - 8　光电式传感器的应用示例（续）

（e）产品计数；（f）液位检测；（g）料径控制；（h）行程控制；（i）气流量监测；
（j）检测有无盖；（k）转速监测；（l）超速或滞速判别；（m）门窗防盗控制；
（n）自动扶梯自动启停；（o）汽车通过检测；（p）汽车喷涂控制

9.3　小结

（1）利用均质半导体的外光电效应，可将光照度信号直接转换为光电流信号，相应的光电元件有光电管和光电倍增管。

（2）利用均质半导体的光电导效应，可将光照度信号直接转换为光电导信号，相应的光电元件有光敏电阻（或称光导管）。

（3）利用 PN 结的结光伏效应，可将光的照度直接转换为光电压信号，相应的光电元件有光电池。

（4）利用 PN 结的结光电导效应，可将光的照度直接转换为光电流信号，相应的光电元件有光敏（电）二极管和光敏（电）三极管。

（5）利用半导体的横向光电效应，可将位置信号直接转换为光电流（分配）信号，相应的光电元件有光电位置敏感元件（PSD）。

（6）利用极性介电体对红外线的热释电效应，可将温度信号转换为红外线信号，继而转换为电压信号。

习题

1．解释以下概念：

外光电效应、光电导效应、结光伏效应、结光电导效应、横向光电效应、热释电效应、光电流、光电压、光电导

2．光电管、光电池、光敏电阻、光敏二极管、光敏三极管、光电位置敏感元件各利用哪些光电效应？

3．绘制下列光电式传感器结构示意图，简要说明其工作原理（利用何种工作效应，存在哪些物理量之间的转换和转换顺序）。

光电式加速度传感器、光电式气体压力传感器、光电式流量传感器。

参 考 文 献

［1］任人杰，游庆福，杨锋，等. 中学教师手册 物理 ［M］. 海口：南方出版社，2000.

［2］沈洁，谢飞. 自动检测与转换技术 第 2 版 ［M］. 北京：清华大学出版社，2015.

［3］樊久铭，刘彦菊. 工程力学实验 ［M］. 哈尔滨：哈尔滨工业大学出版社，2015.

［4］胡向东，唐贤伦，胡蓉. 现代检测技术与系统 ［M］. 北京：机械工业出版社，2015.

［5］祝诗平. 传感器与检测技术 ［M］. 北京：北京大学出版社，中国林业出版社，2006.

［6］张智，李志晖，李晓辉. 半导体制冷器：CN 202350373 U ［P］. 2012.

［7］绍式平. 热释电效应及其应用 ［M］. 北京：兵器工业出版社，1994.